T0220294

FUNDAMENTOS DE CRECIMIENTO Y EVALUACIÓN ANIMAL

Francisco Alfredo Núñez
González, Ph.D.

Universidad Autónoma de Chihuahua

México

2009

Impreso en Victoria, BC, Canadá.

ISBN: 978-1-4269-2067-7 (soft)
ISBN: 978-1-4269-2068-4 (hard)

Numero de Control de la Biblioteca del Congreso: 2009939671

*Nuestra misión es ofrecer eficientemente el mejor y más exhaustivo servicio de
publicación de libros en el mundo, facilitando el éxito de cada autor. Para conocer
más acerca de cómo publicar su libro a su manera y hacerlo disponible alrededor del
mundo, visítenos en la dirección www.trafford.com*

Trafford rev. 11/23/2009

 www.trafford.com

Para Norteamérica y el mundo entero
llamadas sin cargo: 1 888 232 4444 (USA & Canadá)
teléfono: 250 383 6864 ♦ fax: 812 355 4082

Este libro está dedicado a la memoria de mi gran amigo **John Edward Owen Ph.D.**, por los buenos días que pasamos juntos y ser un excelente contraparte del gobierno Británico en la creación del programa de Ciencia de la Carne de la Facultad de Zootecnia, de la Universidad Autónoma de Chihuahua México, hace ya 30 años, asimismo a la memoria del Profesor **Ralston Andrew Lawrie, D.Sc.** quién significó una luz en mi desarrollo académico y de investigación con sus valiosos consejos y por ser un excelente asesor y amigo hace 28 años, cuando realicé mi doctorado en la Universidad de Nottingham.

Francisco A. Núñez G.

1 de agosto de 2009

A mi familia que me hacen la vida ligera y divertida, mis hijos Paco, Alex y Anita, mis nietos Daira María, Lucio Alejandro y en especial al amor de mi vida mi esposa Graciela.

Colaboradores

Alma Delia Alarcón Rojo, Ph.D.

Le doy las gracias por hacerme el favor de escribir el capítulo IV, área de su especialización, en el que realizó, un magnífico trabajo, como siempre.

Dr. José Arturo García Macías.

Mi colega y amigo, compañero de andanzas en los últimos años como expertos en el área de Ciencia de la Carne, le agradezco su dedicación para escribir el capítulo X en compañía de su hija Olga García Rodríguez y en lo personal le agradezco el soportarme con mi carácter en todos los viajes y cursos que salimos a impartir juntos.

A los dos colegas por formar parte del Cuerpo Académico CA-3 Tecnología de Productos de Origen Animal.

PROLOGO

Se considera que la publicación de un libro actualizado sobre el tema específico del crecimiento y desarrollo de los animales productores de carne, es una demanda que desde hace muchos años se ha presentando al interior de la comunidad internacional de habla hispana, dedicada a la docencia e investigación en el área de ciencia de la carne.

La obra que el Ph.D. Francisco Núñez González nos presenta, cubre este vacío ya que está enfocada a servir como referencia básica para estudiantes de nivel licenciatura o de posgrado, relacionados con el área de producción animal o de alimentos. De la misma forma, este compendio de información, pone a la consideración de la comunidad científica internacional, dedicada al estudio de la carne y sus productos, los más recientes avances en este tema, sin dejar de lado cuestiones que por su preponderancia se han convertido en temas clásicos.

Cabe resaltar que las obras disponibles sobre el tema, se encuentran principalmente publicadas en textos de lengua inglesa, a los que no se les puede restar importancia, pero que son documentos que lamentablemente y por razones de edición llegan a la comunidad científica hispano parlante con algunos años de retraso, lo cual en el mundo de la investigación y la docencia no es lo más adecuado. Así, este libro al ser escrito en español, cubre la expectativa de presentar información fresca y actualizada sobre el tema para un público cuya lengua materna es el español.

Por otra parte, los autores de este compendio de conocimiento cuentan con una sólida formación académica y de investigación en Ciencia de la Carne, obtenida en países como Inglaterra, Estados Unidos de Norteamérica y España, en una gama de especialidades como son bioquímica del músculo, crecimiento de animales, desarrollo de nuevos productos, HACCP, análisis sensorial, microbiología y otros; lo que ha favorecido la diversidad y confrontación de sus ideas, creando tal ambiente científico y democrático que les ha permitido desarrollarse en una corriente de pensamiento acerca de la ciencia de la carne que amalgama las diversas líneas que a nivel mundial existen. De esta forma se han generado múltiples publicaciones científicas, arbitradas, indexadas, de divulgación, de docencia y de otra naturaleza.

Además, los autores de este texto, han llevado a cabo múltiples trabajos de investigación financiados por la iniciativa privada o bien por algunas instancias oficiales o gubernamentales. El trabajo científico de los autores, ha sido reconocido a nivel nacional e internacional con nombramientos como el del Sistema Nacional de Investigadores, o bien al ser invitados regularmente como expertos en ciencia de la carne a impartir cátedra en otros países como: Ecuador, Bolivia, Guatemala, Costa Rica y El Salvador.

Más específicamente, debe mencionarse que el autor principal de este libro, el Ph.D. Francisco Alfredo Núñez González puede ser considerado como un pionero en ciencia de la carne en México, ya que tuvo la visión suficiente para iniciar a fines de la década de los 70's, estudios de una especialidad en esta área, que era prácticamente desconocida en nuestro país.

A la fecha se puede decir con acierto, que la mayoría de los especialistas en ciencia de la carne en México, son egresados del programa de Posgrado en Ciencia de la Carne de la Facultad de Zootecnia y Ecología de la Universidad Autónoma de Chihuahua, programa creado con la participación decidida y entusiasta del Ph.D. Núñez como contraparte mexicana, y por especialistas ingleses como el Ph.D. John E. Owen. Con lo anterior no se pretende restar la gran importancia de programas similares de otras instituciones, sino que se hace hincapié en el hecho de que solo existen los programas de maestría y doctorado en ciencia de la carne de la UACH a nivel nacional y que su cofundador es el autor de la presente obra.

Finalmente, es conveniente expresar que el documento que en este momento tiene en sus manos, es el resultado de un arduo trabajo de investigación bibliográfica, enriquecido con la vasta experiencia en investigación y docencia de los autores, los cuales en conjunto suman cerca de cien años de experiencia en el tema de la carne y sus productos, conocimientos que son acrisolados para dar origen a un libro que espera aportar un amplio conocimiento científico y práctico; en el tema especifico de crecimiento y desarrollo de los animales productores de carne.

Dr. José Arturo García Macías

Coordinador del Cuerpo Académico 3

Tecnología de Productos de Origen Animal (Ciencia de la Carne)

Contenido

Lista de Figuras

Lista de Cuadros

Lista de Fotografías

CAPÍTULO I

DOMESTICACIÓN ANIMAL Y EL CONSUMO DE CARNE

Prehistoria.

La Prehistoria es el período anterior al advenimiento de la escritura, hecho que es tomado para determinar el comienzo de la Historia. Es una etapa sumamente extensa, ya que los humanos han existido en la tierra desde hace cuatro millones de años, aunque, se han encontrado fósiles de humanos idénticos a los actuales con cincuenta mil años de antigüedad. La característica principal de nuestra especie, el cerebro, con la capacidad de almacenar y transmitir información parece haber sido necesaria para la supervivencia. Sobrevivían los humanos de mayor cerebro, los que podían organizar grupos para cazar, informar de la existencia de peligros, diseñar estrategias de ataque o defensa. El primer período en que suele dividirse la Prehistoria, es llamado Paleolítico, en esta etapa, se carece de documentación escrita, y su estudio se basa en descubrimientos arqueológicos y en estudios de datos sobre el medio ambiente que rodeaba a estos primeros hombres, por ejemplo, los cambios climáticos. Durante el Paleolítico Inferior, existieron pequeños grupos de humanos que practicaban la caza y el aprovechamiento de carroña de los animales grandes recién muertos que se encontraban de cuyas carnes se nutrían y con las pieles obtenían abrigo, hasta hace tan sólo diez mil años la forma de sobrevivir dominante fue la caza y la recolección.

A partir del año 37.000 AP (antes del presente), se organizaron en clanes, con individuos agrupados en no más de treinta, los cuales vivían de manera nómada, refugiándose de las inclemencias del tiempo, o durante la noche, en los árboles o en cuevas. Los hombres, dedicados a la caza y a la pesca, mientras que las mujeres, a la recolección de semillas, frutos, miel y otros, los grupos deambulaban siguiendo a los rebaños de rumiantes y como no eran capaces de conservar la carne de los animales que atrapaban, debían cazar casi a diario selectivamente ciertos animales. Los cazadores capturaban algunas crías de los animales salvajes. Los primeros seres humanos, seleccionaban algunos objetos para fabricar sus herramientas, utilizaban piedras, con las que hicieron hachas de mano con mango, puntas de lanza y de flecha que sujetaban con los intestinos y tendones de animales también utilizaron, astas, dientes y colmillos y huesos de animales, para fabricar arpones y agujas. El descubrimiento del fuego les permitió endurecer las puntas de sus lanzas y de consumir los alimentos previa cocción.

Es particularmente importante de destacar que, a fines del Pleistoceno, la Tierra experimentó bruscos cambios climáticos, a consecuencia de los que se extinguieron muchas especies. Los megaterios, mastodontes, tigres de dientes de sable, perezosos gigantes, gliptodontes, y otros. Que fueron incapaces de superar los cambios que se operaron sobre la superficie de la Tierra. Sin embargo, una nueva teoría establece que las extinciones del Pleistoceno tardío fueron inducidas por la llegada del hombre, un depredador nuevo capaz de fabricar herramientas de caza y muy eficiente en sus métodos de captura. Esta teoría de un exceso caza estipula que a medida que el hombre se dispersó por el mundo fue dando lugar a la extinción de grandes herbívoros. En América, los grupos humanos andinos lograron sobrevivir con la modificación de algunos de sus hábitos de consumo, sustituyendo la carne de las especies que se extinguieron por la de aquellas que, como el guanaco, pasaron a poblar la superficie de los Andes.

Entre 17,000 años AP y 12,000 años AP (antes del presente) aparece lo que Braidwood (1999) denomina el período Epipaleolítico el cual define como un estadio de caza y recolección intensiva. Es posible que aquí se dé inicio a la domesticación, probablemente a partir de que los animales menos tímidos se acercaron a las comunidades humanas, ya que hay indicios que el hombre le permitió al perro (17,000 AP), acercarse a su grupo y lo alimentaba con los desperdicios de la cacería y otros desechos alimenticios. Zeder (2006), menciona que esto también se pudo haber dado para las ovejas y las cabras que se acercaban a consumir los vegetales y granos recolectados o incipientemente producidos. El Epipaleolítico cronológicamente es muy amplio, pero existe información arqueológica de que hasta hace doce mil años AP, el hombre continuaba siendo cazador-recolector. Aún en la actualidad, existen sociedades primitivas que siguen practicando la caza y la recolección como medio básico de subsistencia.

El segundo período de la prehistoria, fue cuando hace aproximadamente 12,000 años AP, la Tierra sufrió la Era Glacial y al finalizar la misma se dio una expansión gradual de los bosques sobre las grandes llanuras lo cual provoca la emigración y la extinción de algunos animales, en el oeste de Asia y Oriente Próximo se formaron vastas extensiones de pastizales donde habitaban gran cantidad de mamíferos herbívoros, como ovejas, cabras, gacelas, vacunos y caballos, animales pequeños que el aprovechó, mediante su caza.

Más tarde, con el desarrollo la agricultura, hace aproximadamente 11,500 años AP aparece el período Neolítico con condiciones climáticas definidas donde el hombre, capturó restos de rebaños o manadas completas, con animales de todas las edades y ambos sexos, con la ventaja de tenerlos como una fácil reserva de caza o carne. Los primeros rebaños fueron ovejas y cabras, seguido de cerdos y bovinos.

Los asentamientos asirios que mas influenciaron este desarrollo estuvieron en la ribera del Tigris y los montes Zagros para el año 11000 AP, los pobladores de la orilla este del Mediterráneo comenzaron a domesticar animales de forma selectiva, aunque documentar la domesticación animal con bases arqueológicas es bastante complicado, porque la selección de animales para domesticar se dio en función de rasgos de comportamiento que hacían más atractivos a unas especies animales que a otras, rasgos tales como la estructura social de los hatos animales (gregarios), estructura de dominancia jerárquica, tolerancia al encierro y la reproducción en cautividad (Clutton Brock, 1999). Entre

9500 años y 8000 años AP el hombre basaba su vida en el cultivo de gramíneas y leguminosas, complementada con la cría de ovejas, cabras y cerdos domésticos.

Entonces la agricultura, da lugar al sedentarismo, un cambio radical en la vida del hombre y da lugar a la domesticación de animales y plantas, sin embargo, estos dos procesos se extendieron de manera gradual. Recientes excavaciones efectuadas en enterramientos colectivos prehistóricos de hasta 8.000 años AP de antigüedad ubicados en los Emiratos Árabes Unidos (oasis de El Ain), han permitido comprobar que la carne de cuadrúpedos formaba parte de la dieta de los habitantes del neolítico en la Península Arábiga. Siendo los dátiles la base, en segundo lugar se comía carne de cabras domésticas, camello y pescado, así como gacelas salvajes cobradas en cacería. Alimentos propios de un país desértico; nada que no permita consumir, el Corán a sus fieles milenios después.

Historia.

La trascendencia de la aparición de la comunicación escrita, es que permitió al dejar documentación de los acontecimientos. La Historia comienza a contarse, aproximadamente, 6.000 años AP (antes del presente). La aparición de la escritura determina el fin de la Prehistoria y el comienzo de la Historia, pero no existe una fecha precisa, para establecer esta división, ya que Egipto, es la primera civilización en establecer la escritura (jeroglífica) el año 5000 AP, y otros pueblos en esa fecha aún no habían establecido todavía este sistema de comunicación.

Domesticación de animales.

El Neolítico, no surge en un solo lugar sino en varios de forma casi simultánea, en diferentes focos en el mundo, tales como los del Próximo Oriente, dos autónomos en África, en Extremo Oriente, dos en América (centro y sur de América). En este período se empiezan a domesticar algunos rumiantes sobre todo cabras y ovejas, por la convivencia con ellos, creándose una mutua dependencia entre sí, donde los animales se pudieron expandir fuera de su rango geográfico y ambiental natural como animales salvajes y a el hombre le dio seguridad y predictibilidad en su subsistencia; de este modo, el ser humano conoció los beneficios de la domesticación de ciertos animales. En todo el mundo, el ser humano empezó a cuidar de los animales con otros fines, además de obtener su carne. Las vacas, cabras y ovejas por su leche; las ovejas, las llamas y alpacas por la lana, y los vacunos para pieles. En Oriente Próximo, los hombres utilizaban perros para cazar desde el año aproximadamente 13,000 años AP, y posteriormente emplearon vacunos y asnos, dromedarios y yaks como fuerza de trabajo y bestias de carga tirando arados, carros, y el transporte pesadas cargas. Además el caballo se convirtió en un medio de transporte y posteriormente en la máquina de la guerra en la antigüedad. En el continente americano, la domesticación de los animales no se realizó tanto, excepto por la domesticación de las llamas y las alpacas por los incas y la de patos y guajolotes en la cuenca de México, esto debido a las características de los animales existentes en esta parte del mundo, los cuales eran más difíciles de controlar, por lo que la caza continuó haciéndose por los grupos de humanos habitantes de la zona. Sin embargo, es necesario aclarar que el proceso de domesticación de animales no se llevó a cabo al mismo tiempo en todo el mundo antiguo ya que los hombres se diseminaban frecuentemente en grupos pequeños, los cuales empezaron a formar comunidades fijas, lo que es comúnmente aceptado por los arqueólogos es que en el Neolítico, la domesticación de plantas y la cría de ovejas y cabras y posteriormente cerdos dieron al hombre control sobre la producción de sus alimentos. Aunque, como menciona Zener (2006), no está claro cuando se inicia el proceso de domesticación, pero este fue producto de la relación entre los animales y el hombre, sin embargo, no se sabe el nivel de intervención de este último en el ciclo de vida de los animales, y que tanto los marcadores propuestos por los arqueólogos que reflejan el impacto evolutivo en los animales, cuando el hombre controla su reproducción, movimientos, alimentación y protección de los predadores, lo cual da lugar a cambios morfológicos, de tamaño, proporciones, estructura interna de los huesos, todo como una respuesta genética a la domesticación. Por otra parte, los arqueólogos han desarrollado marcadores para documentar arqueológicamente la domesticación desde el punto de vista humano, como son los perfiles demográficos de los hatos animales manejados que permitieron promover su propagación, medidas zoo geográficas y su abundancia, patologías resultantes del encierro, agrupamiento, estrés nutricional, uso de los mismos como bestias de carga, las herramientas e utensilios asociados con la producción animal y expresiones artísticas que contienen animales domésticos en actividades de producción.

Así aunque los animales domésticos se originaron en los diversos centros de civilización del mundo y se fueron diseminando a medida que el hombre se extendió por el mismo, los estudios arqueológicos han determinado la aparición, hace aproximadamente 12,000 años AP, de los primeros asentamientos humanos permanentes en el Cercano Oriente, desde Palestina (Jericó), Turquía, los valles de los ríos Tigris y Éufrates en la Mesopotamia (Irak), el valle del Nilo (Egipto), así como los valles del río Indus (India) y los ríos Amarillo y Yangtzé en China, la agricultura se desarrolló con la civilización Sumeria hace aproximadamente 11,500 años AP, luego en la India (9,000 años AP), Egipto (8,000 años AP), China (7,000 años AP), asimismo, los estudios arqueológicos muestran que la agricultura en América se desarrolló 4,700 años AP.

El proceso de domesticación de animales.

Se denomina domesticación de animales al proceso por el cual una población de una determinada especie pierde, adquiere o desarrolla ciertos caracteres morfológicos, fisiológicos o de comportamiento, los cuales son heredables y, además, son el resultado de una interacción prolongada y de una selección deliberada por parte del ser humano. Para Zener (2006) es más necesario discutir la domesticación con un entendimiento claro de cómo la relación entre los humanos y los animales que les interesaron, evolucionaron, que las definiciones de domesticación.

Definición de Price (1984) "La *domesticación* es un proceso mediante el cual una población animal se adapta al hombre y a una situación de cautividad a través de una serie de modificaciones genéticas que suceden en el curso de generaciones y a través de una serie de procesos de adaptación producidos por el ambiente y repetidos por generaciones".

Zeuner (1963), establece cinco etapas dentro del proceso de domesticación:

a). La unión del hombre con el animal es muy débil con cruzas frecuentes de los animales mantenidos en cautividad, con sus ancestros salvajes, con un control muy reducido sobre los animales.

b). El hombre comienza a controlar la reproducción y selección de los cruzamiento con sus ancestros salvajes, para mantener las características que desea del animal.

c). En esta etapa el hombre muestra interés en la producción de carne, y observa que es útil incrementar el tamaño de los animales para cría , así que cruza los animales domésticos pequeños con sus ancestros salvajes, manteniendo las características de docilidad ya obtenidas.

d). El hombre aumenta su control sobre los animales, su producción y el desarrollo de productos de origen animal, y crea las razas especializadas a través de la selección para incrementar la producción de carne, leche, lana y otros.

e). Finalmente, se hace necesario evitar totalmente el cruzamiento de las razas de animales domésticos con sus ancestros salvajes, a los cuales se controla su número, se les extermina o se les asimila dentro de las razas domésticas desapareciendo de facto como formas salvajes.

Sin embargo, Hart (1985), expresa que hoy en día en el proceso de domesticación animal las características genéticas y de comportamiento de los animales, se han modificado tanto que estos ya tienen muy reducida su capacidad de supervivencia y reproducción sin la intervención del hombre. Aunque, los animales domésticos han perdido algunas características para adaptarse a la vida salvaje, pero algunas de estas pueden ser readquiridas, dando lugar a la readaptación a la vida salvaje (animales ferales). Asimismo, actualmente en realidad las especies que siguen su ciclo de vida sin la intervención del hombre, son los animales salvajes (figura 1.1), y aunque podemos tenerlos en zoológicos y algunas veces pueden reproducirse bajo control del hombre su comportamiento y apariencia física es similar a los animales salvajes libres en su medio ambiente natural; también podemos producirlos comercialmente, sin cambiarles su apariencia y comportamiento, solo asistiéndolos con alimento, animales que utilizamos para la producción de carne o piel, tales como el venado, lagarto, wildbeast, avestruces y mascotas como el hurón y otras.

De los ordenes zoológicos (Hafez, 1968) menciona que es necesario destacar la importancia que tienen la contribución en animales domésticos los ordenes Artiodactyla, con todos los bóvidos (ganado europeo, cebuinos, yaks, banteng, gayal, búfalo de agua, ovejas, cabras y otros) y Galliformes (gallinas, pavos, faisanes, codornices, gallina de guinea y pavo reales) (Cuadro 1. 1.)

En conclusión el humano por un cúmulo de razones prácticas, en algún momento de su desarrollo, decidió atrapar animales salvajes con características que le pudieran ser útiles, no solo como fuente de carne para su consumo, sino como proveedores de fibras, pieles, leche y otros productos. Esto se dio en distintos sitios y civilizaciones en el mundo, de acuerdo con el rango de limitaciones ecológicas para la presencia de distintas especies animales presentes en las zonas de desarrollo del hombre.

Razones del consumo de carne por el humano.

Es de conocimiento común que el hombre es omnívoro, es decir puede consumir alimentos de origen animal y de origen vegetal, así que nos podemos nutrir consumiendo una gran variedad de sustancias; sin embargo cuando se empieza a analizar la dieta de las distintas culturas, nos damos cuenta que lo que es agradable para unos, es aborrecible para otros, por otra parte, también el hombre limita el consumo de ciertos alimentos porque tienen una gran cantidad de celulosa , la cual no es digerida por el tracto gastrointestinal del hombre.

Sin embargo, la carne es uno de los alimentos más apreciados por los humanos, desde la prehistoria y en la actualidad tiene un nivel de consumo muy superior al del resto del grupo de alimentos que componen la pirámide nutricional, de hecho se estima que el consumo mundial de carne se duplicará para el año 2020. En general, el hombre equipara la buena vida con la presencia de carne o platillos a base de carne en su mesa.

Pero el hombre, estima la carne por razones varias, tales como: razones nutricionales y fisiológicas, razones religiosas, razones culturales y geográficas e incluso el rechazo al consumo de carne no se da por la carne en sí misma, sino por los sistemas de producción, manejo y sacrificio de los animales o sea por razones bioéticas, en su obtención, de hecho la mayor parte de las religiones consideran la carne un alimento bueno para comer.

Figura 1. 1. Distribución de los antepasados salvajes de los animales domésticos actuales.

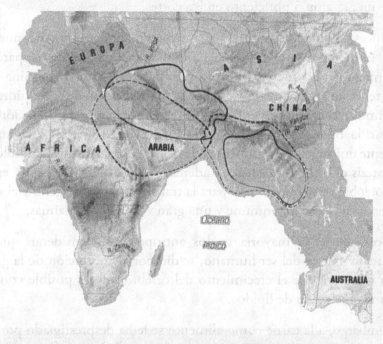

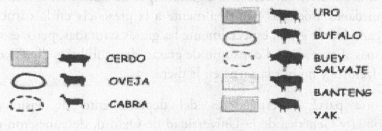

(Tomado de la enciclopedia del Historia del Mundo, 2009).

Razones nutricionales y fisiológicas del consumo de carne.

La carne en occidente, es básicamente el tejido muscular de los animales, el cual sufre cambios bioquímicos, después del sacrificio de los mismos. Desde el punto de vista nutricional, la aportación que hace la carne a la dieta diaria del hombre está dada por su rico contenido en proteína, al cual es relativamente constante alrededor de 20 porciento, la carne también contiene grasa aunque esta es muy variable dependiendo de la posición anatómica y nivel de engorda del animal, por lo que varía entre un 2.5 a un 5 por ciento en los cortes.

Entonces, el hombre considera a la carne un alimento nutritivamente muy bueno, por qué contiene bastante proteína, necesaria para el crecimiento; así como el complejo vitamínico B , con la vitamina B1, para tener un sistema nervioso sano, ayudar digestión de carbohidratos y estimular el crecimiento, la B2 que interviene en la regeneración de celular, la B3 necesaria para la salud del cerebro y la B12 vitamina presente únicamente en alimentos de origen animal, imprescindible en la síntesis del ADN, la carne es además rica en hierro, presente en la hemoglobina y la mioglobina para la transferencia de oxígeno y el zinc presente en el sistema inmune y una gran variedad de enzimas.

Por otra parte, la mayoría de los antropólogos, consideran que la evolución mental del ser humano, se dio por la aportación de la grasa de la carne, ya que el crecimiento del cerebro solo es posible con un suministro elevado de lípidos.

Sin embargo, a la carne como alimento se le ha desprestigiado porque se le relaciona con la aparición de enfermedades cardiovasculares, hipertensión, arterioesclerosis o algunos tipos de cáncer en el hombre; enfermedades asociadas principalmente a la presencia en la carne de gran cantidad de grasa, especialmente las grasas saturadas, pero, esto se debe más al exceso en el consumo de grasas, desequilibrios dietéticos y otros factores y no por la carne en la dieta.

Por otra parte, investigadores del departamento de Fisiología, Anatomía y Genética de la Universidad de Oxford, descubrieron que la deficiencia de vitamina B-12 es un problema de salud pública en Inglaterra, principalmente en personas de la tercera edad, en las que la deficiencia provoca un encogimiento cerebral, así que si el consumo de carne incrementa la ingestión de la vitamina B-12 previene este encogimiento cerebral y coadyuva a mantener una buena memoria.

Desde un punto de vista fisiológico, el humano está preparado para consumir productos de origen animal por varios motivos, primero secreta la elastasa, una enzima que desdobla la elastina, proteína solo presente en los tejidos animales, segundo, tiene una dentadura combinada provista de colmillos para desgarrar y molares para realizar una trituración fina de los alimentos, aumentando su superficie de exposición a los jugos gástricos para su digestión. Entonces comer carne es inherente al hombre por sus rasgos anatómicos y fisiológicos que lo hacen omnívoro, así que pueden digerir carne cuando se consume con moderación.

Francisco Alfredo Núñez González

Cuadro 1.1. Sitios y fechas probables de domesticación de animales.

Especie	Sitio	Años antes del presente (AP)
Perro (Canis canis)	Asia	15,000 a 10,000
Oveja (Ovies aries)	Medio Este	11,000
Cabra (Capra hircus)	Medio Este	9,900
Cerdo (Sus scrofa)	China	10,000
Vacuno europeo (Bos taurus)	Medio Este (Éufrates)	8,000
Vacuno Cebuino (Bos indicus)	India	7,000
Banteng (Bos javanicus)	Sureste de Asia	5,000
Yak (Bos grunniens)	Tibet	4,500
Búfalo de Agua (Bubalus bubalis)	India y China	6,000
Caballo (Equus caballus)	Eurasia (Ucrania)	6,000
Asno (Equus asinus)	NE África (Egipto)	5,800
Gallina (Gallus gallus)	NE China/SE Asia	7,500
Llama (Lama glama)	Perú	6,000
Camello (Camelus bactrianus)	Asia central	4,500
Dromedario (Camelus dromedarius)	Arabia	4,500
Ganso (Anser anser)	Egipto	3,500
Pavo (Meleagris gallopavo)	México	1,900
Cerdo de Guinea (Cavia porcellus)	Perú	2,500
Conejo (Oryctolagus cuniculus)	Europa (Francia)	500
Venado rojo (Cervos elaphus)	Nueva Zelandia	40

Razones religiosas para el consumo de carne.

En realidad como lo expresa Harris (1985), ninguna religión prohíbe el consumo de carne, de hecho desde la prehistoria las sociedades humanas primitivas, realizaban sacrificios rituales de animales para satisfacer a su o sus deidades y asegurarse de tener un suministro constante de carne para su consumo, (las deidades son etéreas y la carne de los animales sacrificados al final era consumida por los humanos).

El tabú religioso de consumo de carne de ciertos animales de acuerdo con Harris debe tener un impedimento ecológico-económico, y las razones religiosas para prohibir el consumo de ciertas carnes, se subordinan a las razones ecológicas; por ejemplo el cerdo que se domesticó con la finalidad de suministrar carne ya que no tiene ninguna otra función como producir trabajo, carga, pelo o fibra, se prohibió su consumo tempranamente en Oriente medio (culturas israelita, egipcia, babilonia, fenicia) porque los bosques se convirtieron en tierras de pastoreo y luego en desiertos; el cerdo fue cada vez más escaso y ecológicamente su producción se hizo más difícil por la competencia con el humano por el alimento.

El Judaísmo.

¡Oh! ¡Quien nos diera carnes para comer!

Esta religión en su libro sagrado la Biblia, a partir del Génesis, menciona que uno de los hijos de Adán era ganadero, y al igual que en otras religiones se realizaban sacrificios rituales de animales para agradecer a Dios sus bendiciones. Sin embargo, el consumo de carne se hace muy preciso en el Levítico y Deuteronomio donde se explica que es lo que se puede comer y que no, además se clasifican los animales en puros e impuros.

Los animales que se pueden consumir están claramente descritos en los libros mencionados arriba y son la oveja, la cabra, el vacuno, la cabra salvaje, el ciervo, la gacela, el antílope, el búfalo, o sea todos los animales de pezuña hendida que rumian. Sin embargo, prohíbe el consumo del dromedario aunque rumian y la biblia dice que tienen la pezuña hendida, lo cual no es del todo cierto ya que más bien tienen dedos, el cerdo también está prohibido, pues aunque tiene la pezuña hendida, no rumia, lo cual lo hace inmundo e incluso prohíbe tocar su cadáver, ya que si lo hacen quedan impuros. De los animales que viven en las aguas, solo se pueden consumir los que tienen aletas y escamas, sean de agua dulce o salada.

Además en el Levítico, se establece que los israelitas, no pueden comer, sebo de buey, ni de oveja, ni de cabra o el sebo de animal muerto o destrozado, el cual pude servir para cualquier uso, menos comer, también se prohíbe el consumo de sangre , sea de aves o cuadrúpedos(Levítico, 7:22-27).

Asimismo, se establece que cualesquier animal permito para consumirlo, que no sea sacrificado ritualmente es considerado impuro como el cerdo, de ahí la carne Kosher de la comunidad judía. Además la carne solo se consumía asada, y en el libro del Éxodo, capítulo XII, explica cuales son las características del animal a sacrificar, como debe ser su preparación en una festividad específica, "el cordero ha de ser sin defecto, macho, y primal o del año; podréis guardando el mismo rito, tomar o sustituir por él un cabrito. Las carnes se comerán aquella noche asadas al fuego, nada de él comeréis crudo, ni cocido en agua, sino solamente asado al fuego; comeréis también la cabeza con sus pies e intestinos.

El judaísmo entonces no prohíbe el sacrificio de animales y el consumo de su carne, solo prohíbe los animales que a juicio de esta religión son impuros.

El Islamismo.

Esta religión fundada en seiscientos años después del nacimiento de Cristo, es una religión relativamente reciente, aunque mantiene algunas de las prohibiciones asentadas en la Biblia, por ser la zona ecológica donde se desarrolló, similar al del judaísmo, y en su libro sagrado el Corán, explícitamente expresa: "Fue Dios quien os creó los ganados, unos para cabalgar y otros para alimento vuestro', (Sura XL, de Gafi ó del Remisorio, 79).

En el Corán, se observa claramente que el Islamismo continúa con la tradición de prohibir el consumo carne de cerdo, sin embargo no prohíbe la de dromedario, lo cual es sustancialmente diferente del Judaísmo.

Él sólo os prohibió lo mortecino, la sangre, la carne de cerdo y todo lo sacrificado al conjuro de otro nombre que no sea el de Dios. No obstante, quienes sin intención ni abuso se vean obligados a ello, no serán recriminados, porque Dios es indulgente y misericordioso (Sura II, de la Vaca, 172,173).

Entonces, el Corán, considera impura la carne de cerdo y prohíbe su consumo pero sólo lo hace siguiendo una normativa mucho más antigua, basada en la Ley de Moisés, establecida en la Biblia , otras reglas del Islam, como son los mortecino y la sangre, escritas en el Corán, también se basan en dicha ley. Pero, el Corán además explica, lo que aportan a los fieles los animales, principalmente, carne y leche, más las pieles, fuerza de trabajo y transporte.

En la actualidad, la carne en los países musulmanes es un producto que está fuera del alcance de la mayoría de las familias, por razones económicas, pero en la celebración de la fiesta anual del Sacrificio, muchas familias se esfuerzan comprar un cordero, celebrar con platillos basados en su carne, aunque sea una sola vez al año.

El Hinduismo.

En los vegetarianos por razones religiosas, la abstinencia de productos de origen animal no suele ser total. Tomemos por ejemplo la India, donde el hinduismo es la religión dominante, la cual tiene como núcleo esencial la protección del ganado vacuno, y evitar el consumo de su carne, ya que los fieles veneran a vacas y toros como dioses. Sin embargo, la protección al ganado vacuno, se dio muy tarde en el desarrollo de la cultura Hindú, ya que sus libros sagrados Rig Veda, mencionan que las costumbres de las cuatro castas del Hinduismo moderno, brahmanes sacerdotales, gobernantes o chatrias, comerciantes o vaisías y sudras o criados, consumían el residuo corporal de los vacunos sacrificados ritualmente a los dioses, los cuales se saciaban con la porción espiritual del animal sacrificados.

Pero, el incremento demográfico hizo que los bosques y tierras de pastoreo se redujeran y dio lugar a la agricultura intensiva de cereales, granos, hortalizas capaces de alimentar más humanos. Así, la producción de ganado que competía por alimento con los hindúes se redujo y el consumo de carne de vacuno prácticamente desapareció de las clases sociales bajas, los brahmanes y vaisías la siguieron consumiendo, hasta que la presión social hizo que prohibieran su consumo, pero no desaparecieron el ganado vacuno porque lo necesitaban para arar la tierra, entonces, la parte ritual del hinduismo cambió al consumo de la leche como fuente principal de proteínas de origen animal.

Lo anterior, parece indicar que ésta doctrina, favorece el consumo vegetariano por la escasez de alimentos de origen animal en la India, por alta densidad demográfica humana, lo en turno causó un desarrollo de un sistema de agricultura más productivo. Entonces el consumo de carne y productos de origen animal por los seguidores del hinduismo sé da más que por una fe ciega de los mismos, por razones prácticas de disponibilidad de alimentos.

El Budismo.

Como otro ejemplo de típico de vegetarianismo tenemos a la religión budista, la primera religión que condenó el sacrificio de animales, y sustituyó los sacrificios rituales por la meditación, sin embargo, Buda, nunca mencionó que el consumo de carne sea malo, por lo cual los budistas consumen carne mientras no sean ellos responsables del sacrificio de los animales, los propios monjes budistas de Tíbet, Sri Lanka, Birmania o Tailandia comen carne además de derivados lácteos, y son altos consumidores de pescado, ya que no necesitan matarlo, este se muere solo con sacarlo del agua; en general los budistas de los distintos países consumen carne de cerdo, pollo, pato, vacuno y búfalo.

Como en todas las religiones, es curioso ver como que practican el budismo para no faltar a los preceptos de su religión, pueden incluso mandar a sus trabajadores a sacrificar un animal e incluso romper un huevo, y así ellos no cometen pecado y los trabajadores tampoco porque ellos solo están realizando el trabajo que les fue encomendado, todo sea por comer carne o productos de origen animal.

Con todo ninguna religión ha promovido la erradicación de la cría animales, ya que al hombre le conviene tener algunas especies animales por su capacidad de trabajo, su capacidad de producción de leche, fibras, huevo y carne.

Razones culturales del consumo de carne.

Para muchos los patrones humanos de comportamiento alimenticio son culturales, de ahí el hecho que existan sociedades que se alimentan de diversas maneras, unas culturas se consideran vegetarianas o no consumen ciertos animales desde hace miles de años y otras son carnívoras. Sin embargo, aunque el consumo de carne es un tema muy debatido, se considera que el hombre primitivo consumía hasta un 35% de la composición de su de productos de origen animal principalmente carnes rojas.

En la actualidad, las sociedades primitivas aún existentes que carecen de animales domésticos y se mantienen de la caza cuando la carne escasea, las mujeres obligan a los hombres para que vayan a cazar; en estas sociedades un tema central de conversación es la carne, considerada el producto principal de su dieta, que supera a todos los otros alimentos principalmente de origen vegetal, además consideran que no hay comida completa sin carne y cuando esta falta se muestran ansiosos de consumirla aunque tengan abundancia de otros alimentos.

Otras culturas primitivas que tienen animales domésticos dedican una gran cantidad de tiempo y esfuerzo para la cría de ellos, como por ejemplo el cerdo donde las mujeres incluso amamantan a los lechones. En Asia para algunos la falta de carne en una comida lo consideran como no haber comido y cuando dicen hace "días que no como" se refieren a que hace tiempo que no consumen carne y con estos términos lo expresan.

Más tarde con el desarrollo cultural se inició la estructuración de los núcleos de población y algunos pueblos poseían ganadería, con esto aparece el sacrificio de animales a los dioses, para nutrirlos con carne y asegurarse que siempre habrá disposición permanente de la misma para su consumo en núcleo poblacional.

En la actualidad, al igual que en las sociedades primitivas, numerosas culturas mantienen el ansia por el consumo de carne y los individuos consumen cantidades elevadas de la misma; por ejemplo algunos países de administración central, como Polonia, donde se siguen formando largas filas ante las carnicerías adquirir la ración periódica de carne establecida por el gobierno, para que no les falte la carne en su dieta, esto a pesar de tener disponible una gran cantidad de cereales y otros alimentos vegetales.

Pero el consumo de carne no es similar para todos los humanos, todos los países el consumo de carne es mayor en las clases socioeconómicamente más altas, Pero, en los países desarrollados, el sistema de abastecimiento de la carne permite a las clases sociales más bajas adquirir productos cárnicos que solo consumían las clases ricas. Sin embargo, en general, el consumo de carne en la actualidad es un símbolo de prestigio social, especialmente la preparación de carnes asadas en el patio de la casa. En general en México, en la actualidad no se considera apetecible un platillo preparado que no contenga algún producto de origen animal incorporado, principalmente carne, al igual que en las sociedades primitivas. Lo anterior aún con toda la publicidad negativa contra el consumo de la misma, por razones de toxicidad, alto contenido de grasas saturadas, asociación de su consumo a enfermedades cardiovasculares, obesidad e incluso cáncer.

El Vegetarianismo.

En la actualidad, millones de personas en todo el mundo siguen una alimentación vegetariana con consumo de huevo, pescado y productos lácteos y solo una ínfima parte son veganos o vegetarianos estrictos. Muchas personas consideran las razones éticas como las más importantes de todas para volverse vegetariano, las personas evitan el consumo de carne por respeto a los animales, así el veganismo se convierte en un imperativo moral, aunque para otros la práctica del veganismo es la forma más directa de colaborar a proteger el medio ambiente y algunos más lo hacen por razones de salud física, la responsabilidad ecológica o motivaciones espirituales. El veganismo es una expresión personal de no ser cómplice de la esclavización de animales, pero comerlos tampoco es necesario. Es un lujo, un placer; y no es sólo cuestión de matarlos o no, sino de las condiciones en que se les produce y sacrifica condiciones que no respetan las mínimas necesidades de los animales Para los vegetarianos está claro que todos los humanos son omnívoros, pero en el sentido que tenemos la posibilidad de comer gran diversidad de alimentos y elegir entre conseguir los nutrientes de distintas fuentes. Pero ellos eligen obtener los nutrientes de alimentos como frutas, verduras, cereales, legumbres y semillas.

Las personas que practican el veganismo deben ser en extremo cuidadosas ya que suprimir los alimentos de origen animal total o parcialmente sin ser sustituidos puede provocar trastornos y enfermedades; el cambio a una dieta vegetariana debe ser gradual y se debe conocer que alimentos, que combinación de ellos y qué cantidad de ellos es necesaria para sustituir a las carnes. Por ejemplo la vitamina B12 solo se puede encontrar en los tejidos animales y también en el huevo y productos lácteos, Los investigadores encontraron que las personas que adoptan una dieta vegetariana son seis veces más susceptibles a un encogimiento del cerebro irreversible que aquellos que comen carne regularmente. Esto debido a que los vegetarianos carecen de la importante vitamina B-12 que normalmente se encuentra en la carne de bovino.

En la actualidad se vive la interrogante de si es moralmente correcto consumir carne, la decisión es personal y aún para los consumidores de carne esta se justifica comerla, siempre y cuando los animales lleven una vida adecuada durante su producción y un sacrificio humanitario. Esto aunque la carne tenga la ventaja de contener todos los aminoácidos necesarios para el cuerpo humano mientras que ningún vegetal los contiene todos.

CAPÍTULO II

ASPECTOS BÁSICOS DE CRECIMIENTO ANIMAL

Generalidades y definiciones.

Por mucho tiempo, los animales domésticos han sido seleccionados por sus características físicas, tales como tamaño, forma y aún color de la piel, sin embargo, hasta hace relativamente pocos años se ha comprendido que la producción animal depende del crecimiento y desarrollo de los animales y que estos procesos afectan la eficacia y determinan la posible pérdida o ganancia de cualquier sistema de producción ganadera; ya que la producción de carne depende casi exclusivamente del crecimiento.

Por solo este motivo es importante estudiar el crecimiento animal y se precisa tener conocimientos básicos del mismo para realizar la aplicación directa de sus conceptos y lograr una mayor eficiencia en la producción de carne, esto a pesar de que en la actualidad aunque existen bastantes conocimientos de este proceso, muchos de ellos todavía no se han logrado aplicar a nivel de producción, sino como medidas terapéuticas en el área biomédica.

Lo que los distintos investigadores consideran como crecimiento, es difícil de definir, ya que es un proceso muy complejo, que se ha tratado de definir, desde simplemente como el aumento de tamaño del animal, hasta el cambio en la estructura del cuerpo, funciones, proporciones y composición a medida que el organismo crece. A la definición del aumento de tamaño se le ha añadido, que éste es producido por el incremento de tejidos similares en constitución, a los tejidos u órganos originales del animal, y que el aumento es proporcional en el total del organismo o partes que lo componen de acuerdo con un patrón característico en cada especie animal. Algunos investigadores han ido más allá y han establecido que existe un crecimiento verdadero, descrito como el incremento de los tejidos estructurales, hueso, músculo, tejido conectivo y un crecimiento falso que consiste en el aumento del tejido adiposo ó deposición de grasa. Durante el crecimiento el aumento de tamaño es producido por la producción de nuevas células (hiperplasia), el crecimiento de células existentes (hipertrofia), y a la deposición de material estructural no celular, como los minerales calcio, hierro, zinc, y otros denominados microminerales (acrecencia). También íntimamente ligados al crecimiento animal están el desarrollo, los cambios en las capacidades funcionales y las diferencias en crecimiento de las partes corporales ya que no todas crecen al mismo ritmo.

Estas definiciones dejan de lado, la maduración de los tejidos de control o regulación de las actividades fisiológicas del organismo, básicamente el tejido nervioso, ya que a esto lo que denominan desarrollo o progresión gradual de un estado inferior a uno de mayor complejidad, que va paralelo a una expansión gradual del tamaño, entonces un animal recién nacido, no es una versión pequeña de un animal adulto.

Entonces, si un animal recién nacido, no es una versión pequeña de un animal adulto, está claro que los animales a medida que crecen cambian su forma geométrica para mantenerse igual fisiológicamente, por lo tanto los animales cambian por razones fisiológicas en primer lugar y en segundo por razones físicas (efecto de la gravedad), en el primer caso por necesidad de funcionamiento de ciertos órganos, que no son necesarios cuando el animal es pequeño y en el segundo como Brody (1945) expuso, el peso excesivo del animal, rompe la estructura esquelética, especialmente las extremidades, ya que los músculos varían cúbicamente con respecto a su tamaño lineal y la resistencia de los huesos que soportan el cuerpo varían con el cuadrado del tamaño lineal, asimismo, las superficies de las células a través de las cuales se llevan a cabo los procesos metabólicos y anabólicos también varían en forma lineal. Por lo arriba expuesto, los animales terrestres no pueden alcanzar un gran tamaño como los acuáticos porque estos últimos no tienen el efecto de la gravedad al mantenerse suspendidos en el agua y en este caso los animales pequeños son muy semejantes en forma a los animales adultos.

Por lo tanto, la producción animal, se entiende como el conjunto de los procesos de crecimiento y de desarrollo combinados para producir animales con ciertas características físicas y fisiológicas, donde el interés se centra en el crecimiento de las partes corporales del animal que el hombre utiliza como alimento, como son el músculo y el tejido graso, sin dejar de lado el crecimiento esquelético (hueso) o tejido de sostén.

Edad cronológica.

Este término se refiere a la edad de los animales en unidades de tiempo, como días, semanas, meses, años. Esta edad es difícil de utilizar en estudios de crecimiento animal ya que no todos los animales crecen, maduran o engordan a la misma edad cronológica, porque existen muchos factores medio ambientales, nutricionales y de manejo principalmente que pueden alterar el proceso de crecimiento. Los animales, inclusive pueden ser similares en sus características a un peso dado, pero como interpretar la información si unos animales tardan más días en llegar al peso establecido y por lo tanto son de diferente edad cronológica. Por este motivo, es mejor utilizar la edad fisiológica de los animales en estudios de crecimiento.

Edad fisiológica.

Este término se refiere a la diferencia en el estado desarrollo y funcionamiento entre animales de la misma especie y su edad cronológica y solo representa estadios identificables en la vida de los animales tales como, punto máximo de altura, peso, composición del cuerpo, pubertad, madurez esquelética, la edad fisiológica se extiende desde la fertilización del gameto hasta la muerte del animal.

Los animales pueden alcanzar estados fisiológicos diferentes a una misma edad cronológica. Una forma de comparar animales en estudios de crecimiento es utilizando el tiempo en que los animales alcanzan la misma madurez composicional o peso al sacrificio en animales de abasto, mediante comparaciones en la tasa de crecimiento o ganancia diaria de peso, por lo que la edad fisiológica es utilizada para la comparación de animales o poblaciones animales diferentes y evaluar el crecimiento y desarrollo de los mismos. Ya que como se mencionó líneas arriba, no todos los animales dentro una misma especie, raza o variedad, crecen, desarrollan y engordan a la misma edad cronológica.

Curva de crecimiento.

Es fundamental, entender la curva de crecimiento, ya que la curva típica de crecimiento postnatal, es similar en todas las especies y representa una curva sigmoidea. Esta curva es acumulativa y si ponemos que en el eje de la X haya unidades de tiempo, y en el eje de la Y el peso del animal en gramos o kilogramos, la curva siempre es sigmoidal en todos los animales.

Sin embargo tiene diferentes ángulos de declive según la especie, raza, sexo, tamaño a la madurez del animal o velocidad de crecimiento. Así un pequeño ratón tendrá una curva de crecimiento muy vertical y un elefante o una ballena azul una curva más horizontal, porque el tiempo para alcanzar el peso a la madurez es mucho más largo en los animales grandes, inclusive en una misma especie o raza, por ejemplo ganado vacuno, por selección genética para un crecimiento más acelerado o cruzamiento con otras razas existen diferencias en la curva.

La curva de crecimiento sigmoidal (Figura 2.1.) se extiende desde la concepción hasta la vejez, después del nacimiento presenta durante cierto tiempo hay una fase de crecimiento rápido (fase de auto aceleración) durante la cual el ritmo de crecimiento es casi contaste y el declive de la curva permanece casi inalterable, durante los últimos estadios de esta fase el crecimiento del músculo, hueso y órganos vitales comienza a disminuir gradualmente y se presenta un punto de inflexión que a menudo coincide con la pubertad, en los animales de abasto se acelera el falso crecimiento o deposición de grasa (fase de auto inhibición). Finalmente a medida que el animal alcanza el tamaño de la madurez, se retrasa el crecimiento y cuando obtiene el máximo posible se para (fase de madurez) y finalmente con la vejez el crecimiento reduce (fase de declinación). El uso de la curva sigmoidea de crecimiento, es útil para estudiar el crecimiento animal, realizar comparaciones entre especies, animales de una misma raza e inclusive la dinámica del crecimiento de los componentes de un mismo animal.

Figura 2.1. Curva sigmoidea de crecimiento

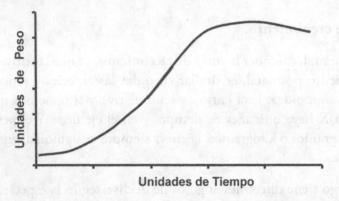

Para enfatizar porque es importante y fundamental conocer la curva de crecimiento animal esta se puede dividir en cuatro fases (Figura 2.2).

Figura 2.2. Curva de crecimiento subdividida en cuatros divisiones.

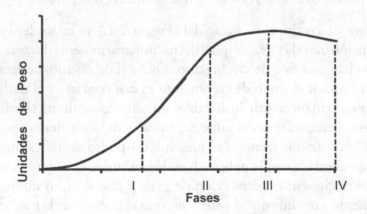

En la primera división de la curva, el crecimiento de todos los tejidos es lento, la prioridad y orden de crecimiento es órganos vitales, hueso y músculo. En ella el animal solo alcanza hasta el 20 % de su crecimiento total.

La segunda división se caracteriza porque el crecimiento muscular está al máximo, se inicia la deposición de tejido adiposo y este se empieza lentamente a acumular. El crecimiento del animal llega más o menos al 75% de su crecimiento total.

En la tercera división de la curva el animal ya acumuló hasta el 90% de su crecimiento y empieza una rápida deposición del tejido graso o falso crecimiento. En este momento el animal ya depositó casi todo él músculo y finalizó el crecimiento de los órganos y esqueleto.

Finalmente en la última división de la curva, el músculo ya terminó su crecimiento y el animal entra definitivamente en el proceso de falso crecimiento porque ya solo existe la acumulación acelerada de tejido adiposo,

El crecimiento animal es complicado porque se lleva a cabo a velocidades o tasas diferentes, afectado por factores externos al animal tales como su nivel nutricional, el medio ambiente donde se desarrolla, y otros inherentes al mismo como la salud del animal, el tamaño que una especie o raza tienen que puede ser distinto por la selección genética que se hace de los animales, inclusive las partes o componentes corporales tienen tasas de crecimiento diferentes lo que afecta la composición corporal final del animal.

Por lo anterior, también se hace necesario entender cómo y que afecta la composición de la ganancia de peso de un animal en crecimiento, especialmente en la fase de auto aceleración o la fase dos de la curva subdividida, donde el porcentaje del peso total del crecimiento del animal, se da particularmente porque la deposición del músculo es muy alto (la síntesis de proteína esta al máximo), por lo que en los sistemas de producción animal utilizados se tiene que definir cuanto se tiene dejar el animal en la fase de auto inhibición o fase III donde el animal esta depositando esencialmente tejido adiposo, para obtener animales de una composición corporal adecuada para las necesidades del mercado y al mismo tiempo tener una eficiencia alta en la producción de animales productores de carne.

Por otra parte, el incremento en el peso del cuerpo del animal siempre tiene un patrón característico, el cual puede ser representador de las siguientes formas.

Peso contra tiempo. Esta presentación del crecimiento animal toma forma de la característica curva sigmoidea de crecimiento acumulativo, ya descrita líneas arriba, aquí al nacimiento el aumento en las unidades de crecimiento es inicialmente lento, seguido por un incremento rápido en las unidades de crecimiento respecto a las unidades de tiempo. En la parte superior la curva muestra que los niveles de las tasas de crecimiento paran en un punto llamado inflexión donde la tasa de crecimiento esta al máximo y la mortalidad específica de la población está al mínimo.

Es importante mencionar aquí que el tejido muscular y el tejido graso son los tejidos de mayor importancia que se utilizan para la evaluación del animal de abasto y para la evaluación de su canal, ya que estos dos tejidos comprenden el mayor incremento de la masa corporal durante el crecimiento y desarrollo postnatal del animal, por lo tanto sus curvas son de forma sigmoidal acumulativa (Figura 2.3.).

Tiempo contra tiempo. En esta representación del crecimiento la curva toma la forma de campana y la tasa de crecimiento es absoluta, en ella el crecimiento se puede entender graficando la ganancia por unidad de tiempo contra el tiempo, dando lugar a lo que se conoce comúnmente como el promedio de gane diario o ganancia de peso por unidad de tiempo. En esta curva se puede observar que el crecimiento inicial es muy bajo luego se va incrementando hasta alcanzar un máximo (que en la curva acumulativa corresponde al punto de inflexión) y luego empieza a declinar (Figura 2. 4.).

Figura 2.3. Curva de crecimiento con punto de inflexión.

Figura 2.4. Curva de crecimiento absoluto.

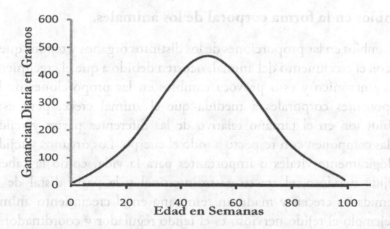

Ganancia de peso como porcentaje de peso previo. En esta representación la de crecimiento la forma de la curva es de declinación y muestra la tasa de crecimiento relativo, es forma de medir crecimiento es utilizada para mostrar el crecimiento en relación con el peso total, la tasa de crecimiento relativo del total del cuerpo es muy alta al principio de la vida (concepción) del animal, principalmente porque el organismo es muy pequeño. Sin embargo, a medida que el animal crece la tasa de crecimiento relativo decrece rápidamente. La tasa de crecimiento promedio o relativo es útil únicamente para medir crecimiento sobre tiempos relativamente cortos. Esta forma de medir crecimiento es muy errónea cuando se aplica a datos obtenidos en intervalos de tiempo muy extendidos (Figura 2. 5).

Figura 2.5. Curva de tasa de crecimiento relativo.

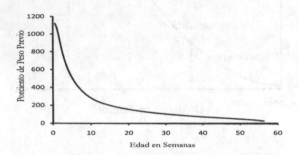

Cambios en la forma corporal de los animales.

Los cambios en las proporciones de los distintos órganos y tejidos que se dan con el crecimiento del animal, ocurren debido a que el crecimiento no es sincrónico y esto provoca cambios en las proporciones de los componentes corporales a medida que el animal crece, pero estos cambios son en el tamaño relativo de las diferentes partes y tejidos que las componen con respecto a todo el cuerpo. Los órganos y tejidos fisiológicamente vitales o importantes para la vida, como la cabeza, el tejido nervioso, el tracto gastrointestinal y la parte distal de las extremidades crecen y maduran temprano en el crecimiento animal, por ejemplo el tejido nervioso es el tejido regulador y coordinador de los órganos vitales, por lo que crece y madura más temprano reflejando su prioridad fisiológica por lo que el tamaño de la cabeza (que aloja al cerebro) en relación con el resto del cuerpo cambia durante la vida del animal; lo mismo ocurre con el tracto gastrointestinal porque de su desarrollo depende la mayor parte del crecimiento posnatal, particularmente en los rumiantes y del tejido óseo la parte distal de las extremidades crecen temprano para adquirir la movilidad necesaria al nacimiento. Más tarde otras partes, lo hacen más rápido y forman una gran parte del todo (tejido muscular y tejido adiposo o graso). La secuencia de crecimiento básica entonces es Tejido nervioso → Tejido óseo → Tejido muscular → Tejido adiposo.

Figura 2.6. Animal con las ondas de crecimiento.

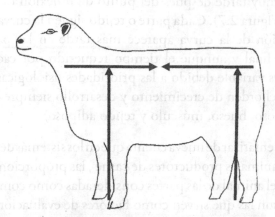

Para entender crecimiento es necesario considerar que existen prioridades de crecimiento y aún dentro de los tejidos del cuerpo, esto da lugar a ondas de crecimiento que parten de las partes distales a las proximales y en el plano axial, de los puntos anterior y posterior hacia el centro del mismo (Figura 2. 6.).

Los distintos tipos de tejido adiposo muestran tasas diferentes de crecimiento.

Figura 2.7. Líneas de crecimiento de los distintos depósitos de tejido adiposo de acuerdo Con su maduración.

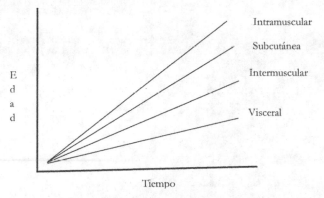

Por lo que depósitos de grasa viscerales que rodean y sirven de protección a los órganos vitales se desarrollan muy temprano y los que los depósitos de tejido adiposo intermuscular, subcutánea e intramuscular, lo hacen rápidamente muy tarde después del punto de inflexión de la curva de crecimiento (Figura 2.7). Cada parte o tejido siguen la curva sigmoidea, pero la inflexión de la curva aparece más tarde en las partes que se desarrollan al final y aunque el tiempo requerido por cada una para desarrollarse es variable debido a las prioridades fisiológicas inherentes a las mismas, el orden de crecimiento y desarrollo siempre es el mismo (sistema nervioso, hueso, músculo y tejido adiposo).

Es importante enfatizar de nueva cuenta que en los sistemas de producción animal de los animales productores de carne, las proporciones deseables en el cuerpo del animal de las partes consideradas como comercialmente más valiosas, son las que sirven como factores de evaluación del animal en vivo y su canal después del sacrificio, el tejido muscular (Figura 2.8.) y tejido adiposo crecen más tarde en el crecimiento posnatal, cuando ya están formados el tejido nervioso y el hueso, esto ocurre generalmente cuando el crecimiento corporal todavía es rápido, por lo cual no es deseable ni adecuado económicamente sacrificar animales muy jóvenes con poco músculo y desprovistos de grasa, ya que las partes más caras en una canal de un animal de abasto son el lomo y las piernas las cuales deben tener bastante músculo y una cubierta media de grasa subcutánea e intramuscular (marmoleo).

Figura 2 .8. Cambios proporcionales tejido óseo y tejido muscular de la pierna de ovejas Suffolk, los pesos de los huesos y músculos son mostrados como porcentaje del peso del hueso de la caña. Adaptado de Hammond (1932).

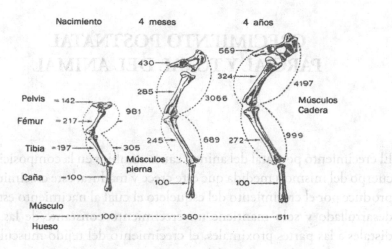

CAPÍTULO III

CRECIMIENTO POSTNATAL
PARCIAL Y TOTAL DEL ANIMAL

El crecimiento posnatal del animal causa cambios en la composición del cuerpo del mismo a medida que este crece y madura, este crecimiento se produce por el crecimiento del esqueleto el cual al nacimiento está bien desarrollado y solo mantiene un crecimiento constante de las partes distales a las partes proximales, el crecimiento del tejido muscular que crece muy rápido a partir del nacimiento y se convierte en el tejido más importante para la producción animal ya que es el más apreciado por el hombre para su consumo, el tejido adiposo por otra parte se acumula lentamente al nacimiento pero a medida que el animal se acerca a la madurez se acelera su deposición (falso crecimiento), como todos los tejidos crecen a tasas diferentes, aún dentro de los distintos tipos del mismo, este crecimiento diferencial cambia la morfología y composición corporal.

Análisis de la curva de crecimiento.

Desde hace bastantes años existe un interés muy marcado en la evaluación objetiva del crecimiento animal pero como ya se mencionó, la velocidad a la cual los distintos tejidos de un animal crecen y el animal madura, tienen un gran impacto en su composición corporal a un peso dado, lo cual complica la evaluación del crecimiento.

Por tales motivos, el análisis de la curva de crecimiento para tratar de definir el crecimiento, hizo necesario el uso de funciones de tipo matemático para tener un panorama más claro de este proceso de crecimiento, el propósito de aplicar formulas matemáticas a datos de crecimiento es facilitar su manejo e interpretación, debido a que la cantidad observaciones es generalmente muy grande, pero el tratamiento matemático de los datos solo se justifica si simplifica la interpretación de los mismos y estos tienen el propósito de interpretar el fenómeno biológico del crecimiento de un organismo, tejido u órgano, sin embargo , si no se tiene una significación biológica en la interpretación de la tendencia matemática de las observaciones, es mejor evitar el análisis matemático (Pomeroy,1955).

De igual manera, una modelación matemática se puede realizar para caracterizar el efecto u efectos de la manipulación fisiológica, en las tasas de crecimiento de los distintos tejidos, órganos ó el animal completo. Además la modelación, da un resumen del proceso de crecimiento, lo que trae consigo el establecimiento o identificación del potencial genético de los animales para crecer y su posible conjunción con las necesidades nutricionales para llevarlo a cabo. La interpretación matemática del crecimiento se inicia con la propuesta formulada por Gompertz en 1825, con fines actuariales, pero utilizada por Davidson en 1928 en el crecimiento de animales, otra ecuación para describir la función de crecimiento es la mono molecular, la cual describe que el peso de un animal está en función del alimento consumido y que la tasa de crecimiento se reduce continuamente fue desarrollada por Spillman en 1924, en el Departamento de Agricultura de los Estados Unidos de América. En 1908, Robertson derivó la ecuación logística, la cual utilizó en el análisis de crecimiento de animales en los distintos ciclos del mismo. Otras funciones matemáticas de crecimiento simples y flexibles como la que desarrolló Richards en 1959, tienen un punto de inflexión variable y son una alternativa interesante a las ecuaciones multifásicas, si los datos no dan múltiples puntos de inflexión y la de Hill desarrollada en 1913 que presenta el derivado dW/dt y puede generar formas parabólicas y sigmoidales, con puntos de inflexión variables que pueden ocurrir en cualquier fracción del peso vivo maduro, estas dos últimas funciones de crecimiento describen patrones de crecimiento tipo logístico. Una nueva función de crecimiento flexible desarrollada en 1996, por France et al. es capaz de describir patrones sigmoidales, patrones de crecimiento tipo Gompertz con tasas de crecimiento temprano acelerado y un punto de inflexión bajo, que es lo que comúnmente ocurre en los mamíferos y aves, esta nueva función de crecimiento es buena y puede considerarse como una generalización o mejoramiento de la función de Gompertz. En 1945 Brody, utilizó la función matemática mono molecular en conjunto con la función matemática exponencial, para obtener patrones de crecimiento de forma sigmoidal, y propone la presencia de una fase de auto aceleración (exponencial) y una de auto inhibición (mono molecular) la cual se observa al alcanzar la pubertad el animal (France et al. 1996).

El análisis matemático más simple, se inició con la llamada tasa instantánea de crecimiento, tasa que por medios matemáticos trata de expresar el crecimiento, por medio de la reducción del intervalo de tiempo para que la tasa real de crecimiento no cambie y se pueda obtener el crecimiento verdadero del animal o su tasa de crecimiento instantáneo (TCI). Lo cual se dio con la siguiente ecuación.

$$TCI = Dw \, / \, dt \Big/ W1$$

Donde W1 representa el peso del animal al instante en que el crecimiento es medido y dW/dt representa la tasa de crecimiento instantáneo en este punto en la curva de ganancia de peso, pero como no es posible medir la tasa de crecimiento instantáneo directamente, ya que el cambio es infinitamente pequeño, se utilizaron matemáticas abstractas para resolver el problema y un número infinito de tasas de crecimiento infinitesimales son sumadas e integradas por medio del cálculo. Para el propósito anterior la curva de crecimiento sigmoidea ser consideró en la producción animal en las dos secciones, que tienen mayor impacto en la misma, la primera, es la fase de pendiente ascendente o FASE DE AUTOACELERACIÓN, en la cual la tasa de crecimiento dW/dt es proporcional al crecimiento ya obtenido o sea dW/dt es proporcional a W1, donde W es el peso ya ganado, en esta fase la ganancia de peso es un poco mayor que la obtenida el día anterior. La segunda, es la fase de pendiente descendente o FASE DE AUTOINHIBICIÓN, en la cual la tasa de crecimiento dW /dt, es proporcional al potencial de crecimiento remanente. En animales de tamaño maduro finito (A), dW/dt es proporcional a (A-W), donde W es el peso ya ganado.

Las fases de auto aceleración y de auto inhibición, se unen en el punto de inflexión de la curva de crecimiento, en este punto la tasa de crecimiento está al máximo y la mortalidad específica de las poblaciones está al mínimo. Este se puede considerar el punto geométrico de referencia o la edad fisiológica equivalente en animales o especies animales diferentes.

La expresión matemática de la fase de auto aceleración del crecimiento es:

$$W = A_e + kt$$

La tasa de crecimiento es proporcional al gane de peso ya obtenido.

$dW/dt = kw$, donde la constante de proporcionalidad es K.

Por cálculo integral se hace log e W=log e A+KT

El uso del eje en logaritmo del peso (W) convierte a la pendiente en una línea recta. El valor K, obtenido por la medición de la pendiente de la línea debe ser convertido del log 10 (valor) al valor de log e como sigue.

Log e K = pendiente K (2.302 es el log 10). (Figura 3.1)

K tiene un significado perfectamente definido; es la tasa instantánea de crecimiento para una unidad dada de tiempo. 100K da la tasa por ciento de crecimiento para una unidad dada de tiempo. Ejemplo: crecimiento de la rata de catorce días después de la concepción hasta el nacimiento, K=0.53 (tasa de crecimiento instantánea de 53% por día).

Figura 3. 1. Curva de crecimiento normal, convertida a línea recta por medio del logaritmo base 10.

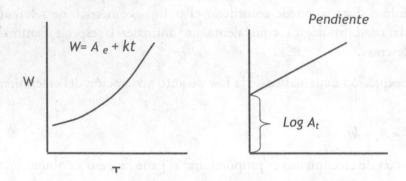

Por otra parte los métodos de medición de crecimiento tales como gane acumulativo de peso, tasa promedio de crecimiento y la tasa de crecimiento en porciento, donde no se utiliza modelación matemática del crecimiento, suponen que el mismo tiene una relación lineal con el tiempo, lo cual solo es cierto en intervalos de tiempo cortos y además no reconocen la diferencia entre edad o tiempo fisiológico y la edad o tiempo cronológico, donde el significado fisiológico del tiempo cronológico cambia fuertemente a medida que el animal crece y madura.

Por estos motivos, Brody sugiere que se utilicen las tasas de crecimiento relativo instantáneas dW/dt, donde W1 representa el peso del animal en el instante que el crecimiento es medido y dW/dt, representa la tasa de crecimiento en este punto de la curva de crecimiento. Pero como no es posible medir la tasa de crecimiento instantáneo directamente, porque el cambio en el tiempo es infinitesimal, se hace necesario utilizar matemáticas abstractas para resolver este problema práctico, entonces los tiempos infinitesimales de agregan o se integran por medio del cálculo diferencial y la curva de crecimiento se hace una línea recta utilizando el logaritmo base 10 del peso.

Así, la expresión matemática de la fase de crecimiento de auto aceleración queda como sigue:

$$W = A_e + kt$$

Donde el crecimiento es proporcional al peso ya ganado,

$dW/dt = KW$, donde la constante de proporcionalidad es K y por cálculo integral se transforma en $\log e\ W = \log e\ A + kt$

Donde:

$\log e\ W$, es el logaritmo natural del gane de peso ya obtenido

$\log e\ A$ es el logaritmo natural de una constante teórica que no necesariamente tiene un significado biológico.

$\log_e A = \log_e W$ *cuando el t =0*

En esencia, Brody corrige el hecho de que el crecimiento es generalmente medido desde un punto varios días después de la concepción, y del punto de la concepción misma, el cual es el punto biológico de iniciación del crecimiento.

E es la base del logaritmo natural (2.7128), el uso del cálculo requiere el uso de los logaritmos naturales.

Pero cuando la ecuación es aplicada en la práctica, se usa su forma rectificada, o forma lineal usando los logaritmos en ambos lados de la misma $\log e\ W = \log e\ A + Kt$.

Cuando el peso ($\log 10\ W$) es graficado contra el tiempo, sí el crecimiento es de la fase de auto aceleración resulta una línea recta, la cual tiene el intercepto con el eje vertical (eje logarítmico) al valor de la constante *A*.

Cuando los datos son puestos en papel para graficado normal, la curva exponencial o de auto aceleración tiene una forma ascendente, el uso del eje logarítmico para el peso (*W*) convierte esta inclinación en una línea recta.

El valor de k, obtenido por la medida de la inclinación de la línea debe ser convertido los valores logaritmo $_{10}$ a valores logaritmo $_e$, como sigue:

Log e K = Inclinación K/ 2.3 (2.302 es el valor del log e 10).

Entonces *K* tiene un significado perfectamente definido; es la tasa de crecimiento instantáneo para una unidad de tiempo dada y 100 K da la tasa de crecimiento en porcentaje para una unidad dada de tiempo (K= 0.53, significa que la tasa de crecimiento instantáneo es de 53 % por día).

Otros usos de la expresión matemática del crecimiento en la fase 2 de auto aceleración.

Fórmula para la derivación de K es: $K = log\ e\ W2 - log\ e\ W1/\ t2 - t1$

Fórmula para calcular el tiempo para doblar el peso: $d = log\ e2/K$ o sea 0.69/K

Son conocidos: $log\ 2\ W = log\ e\ A + kt$

Expresión matemática de la fase de auto inhibición $W = A - Be - kt$, la tasa de crecimiento en esta fase es proporcional a la ganancia de peso que todavía se puede obtener. En la derivación de la fórmula para describir esta parte de la curva de crecimiento, A representa el límite determinado de crecimiento o peso a la madurez y w representa la ganancia de peso ya obtenida.

La tasa de crecimiento instantáneo *dW/dt* es proporcional a *(A – W)* y la constante de proporcionalidad es *– k*.

La significancia de la constante k, es que el crecimiento declina (por lo cual se usa *- k*) a una tasa porcentaje constante, la ecuación en su forma logarítmica es utilizada para los datos obtenidos, $log\ e\ (A - w) = -kt + log\ e\ B$. (Figura 3.2).

Los valores de *(A-w)* se grafican contra el tiempo en el eje vertical logarítmico y *t* (tiempo) en el eje aritmético horizontal. El valor verdadero de A produce una línea recta. El valor de k se determina por la medición la inclinación de la línea y el valor debe ser corregido por log e como sigue, *log10 k/2.3*. La constante B es el intercepto de la curva en eje logarítmico, es decir B= (A-w) cuando *t = 0*. La constante *B* es solo un parámetro de la edad empleado para corregir el hecho de que la edad es contabilizada desde el nacimiento o concepción según sea el caso, pero la expresión matemática solo se ajusta a datos obtenidos durante la fase de crecimiento después del punto de inflexión (fase de auto inhibición), los valores típicos para esta fase de crecimiento son para el ganado vacuno 0.04, el cerdo de guinea 0.22 y el ratón 0.71.

El acercamiento matemático al análisis del crecimiento, permite la reducción de una serie de observaciones desconectadas y dispersas relacionadas con el crecimiento a una función matemática continua, desde la cual el valor probable de la variable dependiente puede ser calculada en cualquier instante de tiempo y la tasa de cambio en el peso del cuerpo del animal o alguna otra variable también puede ser calculada. Tal análisis matemático del crecimiento esta designado para predecir la relación que existe entre la edad y la medida del cuerpo o su composición bajo condiciones ideales (medio ambiente constante), los efectos de cambios medio ambientales probablemente son los responsables de los ciclos discontinuos de crecimiento descritos por Brody. El gran valor de estas expresiones matemáticas es que no expresan el crecimiento como una función explicita del tiempo sino como una función del crecimiento del sistema por sí mismo, en esto el tiempo es utilizado únicamente como un punto de referencia, ya que permite distinguir entre la edad fisiológica y la cronológica.

El crecimiento puede ser retrasado o acelerado, mientras que el tiempo pasa a una tasa constante y cuando el crecimiento retrasado se reactiva este es el característico de la especie para una edad fisiológica dada (peso vivo) y no para una edad cronológica dada (Brody, 1945).

Figura 3.2. Declinación del crecimiento a una tasa porcentaje constante, en la ecuación en su forma logarítmica.

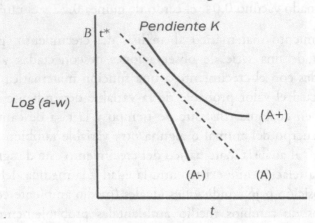

Medición del crecimiento.

Como ya se mencionó en el capítulo anterior, el crecimiento en la práctica puede ser medido de diferentes maneras.

1. Como ganancia de peso acumulativa - peso por edad.

2. Como tasa promedio de ganancia *(I)*.

$$W_2 - W_1 \Big/ T_2 - T = I$$

(crecimiento diario)

Ejemplo: $\dfrac{100 - 50}{10 - 5}$ = 10 g /día

Pero, la tasa de crecimiento promedio es útil únicamente para medir crecimiento sobre tiempos relativamente cortos. Puede es muy errónea cuando se aplica a observaciones extendidas en un intervalo de tiempo muy amplio. Por ejemplo un vacuno que pesa 500 kg a mil días después de la concepción, crece 0.5 kg por día, pero resulta que este animal una semana después de la concepción solo presentó una ganancia diaria de 0.0001 kg/día, y a la edad de 5 meses estaba ganando 0.6 kg/día, a los 20 meses 1. 3kg/día y a los 1000 días de edad solo 0.110 kg/día.

Entonces a medida que el período de tiempo se hace más corto es más valioso el uso de la tasa promedio de ganancia de peso. Sin embargo se tiene que considerar en la práctica el tiempo mínimo entre pesadas de los animales, para evitar el estrés por manejo, por ejemplo vacunos cada 3-4 semanas, cerdos, ovejas y cabras cada 2 semanas y pollos de engorda cada semana.

3. Tasa de crecimiento como porcentaje

$$\frac{W_2 - W_1}{W_1} X100 \Big/ T_2 - T = \%Crecimiento$$

Ejemplo: $\dfrac{20 -- 10}{10/ 5}$ = 1/5 x 100 = 20 % por día.

Igualmente esta forma de medir crecimiento es solamente apropiada cuando la ganancia de peso es pequeña comparada con el peso inicial, ya que si la ganancia de peso es grande comparada con el peso inicial la tasa de crecimiento como porcentaje da una expresión exagerada del cambio. Esta forma de medir crecimiento puede ser ligeramente mejorada utilizando el promedio de la tasa de crecimiento. como porcentaje.

$$W_2-W_1/1/2(W_2-W_1)/tX100=\%crecimiento$$

Sin embargo como ya se mencionó, esto supone que el crecimiento tiene una relación lineal con el tiempo, lo cual de nueva cuenta solo es cierto para intervalos de tiempo cortos. Además todos estos métodos de medir crecimiento no reconocen la diferencia entre tiempo fisiológico y el tiempo cronológico y la significancia fisiológica del tiempo cronológico cambia marcadamente a medida que se da el crecimiento y el animal envejece.

Crecimiento alométrico.

El crecimiento de los animales también se puede medir analizando el crecimiento alométrico o proporcional de los tejidos o componentes corporales, este tipo de crecimiento hace una relación de un componente en particular con el total del cuerpo del animal o con otro componente, como los tejidos crecen a tasas diferentes según la necesidad fisiológica y posición anatómica factores que influyen en el momento en que ocurre su máximo crecimiento con respecto al total del cuerpo. Para medir el crecimiento alométrico es necesario sacrificar el animal tomar su peso al sacrificio, pesar y diseccionar los tejidos en forma individual y confrontar los logaritmos de los pesos de los componentes con el logaritmo del peso vivo del animal, el peso de la canal caliente o el peso del cuerpo vacío (peso vivo menos el contenido del tracto gastrointestinal. Esta teoría de crecimiento alométrico o proporcional fue propuesta por Huxley (1932)quien establece que las proporciones de un animal son determinadas con el peso final del animal y que si se grafica el logaritmo natural del peso de un tejido del cuerpo del animal contra el logaritmo natural del peso vivo del total del cuerpo, mediante la ecuación $Y=ax^b$, donde Y es igual al peso del tejido, a es una constante, x el peso del peso vivo del cuerpo y ^{b} es el coeficiente de crecimiento del tejido y da una línea recta con cierta inclinación con lo cual se puede comparar cualquier parte del cuerpo, con él peso vivo total o el peso de la canal, considerando que si el valor de ^{b} (inclinación de la línea) es mayor a 1.0, la parte del cuerpo medida tiene una tasa de crecimiento más rápido que el total del mismo, es de maduración tardía y tiene un ímpetu de crecimiento alto, si el valor de ^{b} es menor que 1.0, la parte del cuerpo tiene una tasa menor de crecimiento que el total, es de maduración temprana con ímpetu de crecimiento bajo y si el valor de ^{b} de la parte es igual a 1.0, esta parte está creciendo a la misma tasa de crecimiento que el total del cuerpo con una tasa de crecimiento promedio.

Cuando se compara el hueso con él crecimiento total del cuerpo, el valor obtenido es menor de 1.0, porque es un tejido de crecimiento temprano, el valor obtenido para él músculo total es ligeramente arriba de 1.0 de acuerdo con la fase de crecimiento del animal y el tejido graso en general es de crecimiento tardío con valores superiores a 1.0 (Figura 3.3.), aunque de acuerdo con el tipo de depósito graso este se deposita de manera, diferente con la edad, primero la grasa mesentérica, renal y pélvica la que tiene un crecimiento temprano, sin embargo los otros tipos de tejido graso como la grasa entre los músculos (intermuscular), la grasa subcutánea y la intramuscular que se deposita dentro de las fibras musculares (grasa de marmoleo) tiene un ímpetu alto de crecimiento en la fase final de crecimiento del animal.

Figura 3.3. Representación de crecimiento monofásico.

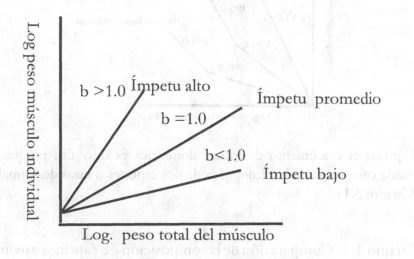

En el caso de los músculos individuales, por su posición anatómica y necesidades fisiológicas del organismo unos presentan maduración temprana (músculos de las partes distales de las extremidades), promedio (músculos del lomo) y otros maduración tardía (músculos del cuello y de las partes proximales de las extremidades), aunque también pueden exhibir ímpetus de crecimiento lento menor de 1.0 y después de crecimiento rápido mayor de 1.0 o viceversa (Figura 3.4.).

Figura 3.4. Representación de crecimiento difásico

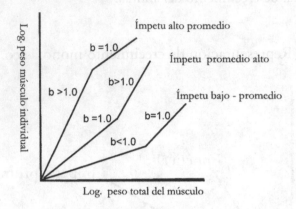

Log. peso total del músculo

Expresar el crecimiento de forma alométrica es muy útil porque se puede comparar la edad fisiológica de dos especies o razas de animales (Cuadro 3.1)

Cuadro 3. 1. Comparación de la composición de caprinos y ovinos con diferentes ritmos de madurez de los tejidos (crecimiento alométrico).

Especie Animal	Tejidos		
	Adiposo	Músculo	Óseo
Caprinos	1.995	1.170	0.776
Ovinos	2.081	1.006	0.780

Owen, et al. (1978)

Los cambios relativos en la composición de un animal en los diferentes estadios de crecimiento del mismo, se pueden expresar según (Tulloh, 1963) de las siguientes formas:

1. El peso del órgano o tejido expresado como porcentaje del peso vivo a varios pesos vivos o edades de los animales.

2. El peso del órgano o tejido como una fracción del peso vivo a una edad, comparado con la fracción calculada otra edad. Una de las edades generalmente utilizada para esto es el nacimiento. La comparación se puede realizar a diferentes pesos vivos en lugar de diferentes edades.

3. El tejido o parte se puede expresar como porcentaje de su propia medida a una edad o peso temprano, generalmente al nacimiento.

4. La parte puede ser expresada como una medida de cualquiera de las formas ya explicadas arriba en relación a la medida de una parte estándar en lugar del peso vivo. La parte que se debe escoger como estándar es aquella que tenga un cambio relativamente pequeño a través del crecimiento posnatal.

5. La medida del peso, longitud u otra variable de una parte es graficada contra la medida de otra parte, del peso vivo o contra la edad del animal. La gráfica puede ser aritmética o logarítmica.

Sin embargo, es necesario aclarar que aunque en todas las formas de expresar los cambios de composición de los organismos pueden existir errores de interpretación o de una comparación es ilógica, en la práctica el uso de la ecuación alométrica para presentar datos de composición corporal es muy útil para describir cambios durante el crecimiento posnatal. Por ejemplo se ha demostrado que la relación entre el peso de la canal y el peso del cuerpo vacío es lineal e independiente de la raza, edad y sexo del animal o que no existe necesidad de realizar una selección para incrementar el contenido de músculo, si la variación en la composición de la canal se debe primordialmente a la variación en el grado de terminado(engrasado), por lo que los esfuerzos para cambiar la composición del cuerpo deben ser dirigidos a alterar la tasa de deposición de tejido adiposo. Aunque la composición de cualquier animal en el peso vivo varía entre todos los pesos vivos medidos de un mismo tipo de animal, por lo que la comparación de animales en base a la composición corporal no es válida a menos que los animales sean comparados a peso del cuerpo vacío o peso de la canal (Cuadro 3. 2.).

Cuadro 3.2. Ecuaciones alométricas que relacionan los pesos del musculo, hueso y grasa en el canal frío con respecto de peso del cuerpo vacío de cabritos criollos castrados.

Datos de Regresión	Músculo	Hueso	Grasa
Log (a)	- 4.088	- 2.885	-11.358
b	1 .223	1.020	1.792
ES (b)	0.027	0.045	0.095
t a N- 2 df	44.68	22.81	18.79
t¹ = b – 1/ES (b)	8.15	0.45	8.30
	***	N.S	**
N	62	62	62

Log (Y) =b (Log X) + Log a ; b como crecimiento alométrico;

Coeficiente de Y (músculo, hueso y grasa en la canal) comparado a X (peso del cuerpo vacío)

ES = Error estándar;   *** = P <0.001; NS = No Significativo;   ** = P < = 0.01;

 df = grados de libertad; N= Número total de animales.

Factores que intervienen en el crecimiento animal.

Los factores que tienen una gran influencia en el crecimiento y desarrollo de los animales productores de carne son la genética, la nutrición, medio ambiente y clima, la manipulación del crecimiento y salud de los animales.

Genéticos. La contribución de la composición genética de un animal a la producción animal puede ser cuantificado por la heredabilidad o habilidad de un animal para transmitir un grupo de genes o un gene en particular a sus descendientes, habilidad que es utilizada para desarrollar programas de selección animal con la finalidad de hacer más eficiente la producción animal. En la actualidad se sabe que los genes que controlan la composición corporal de los animales tienen una mayor heredabilidad, que los genes que intervienen de la calidad de la carne y la eficiencia reproductiva de los mismos (Cuadro 3.3).

Cuadro 3. 3. Rango de heredabilidad de factores importantes para la producción animal.

Rasgo	Rango de heredabilidad
Composición corporal	0.40 - 0.60
Composición de la grasa subcutánea	0.30 – 0.50
Eficiencia alimenticia y ganancia diaria de peso	0.20 – 0.40
Terneza de la carne, pH, Capacidad de retención de agua, Color de la carne	0.15 – 0.30

Adaptado de Sellier (1994)

Los coeficientes de de heredabilidad de alrededor el 50 porciento permiten por medio de la selección genética permiten modificar la velocidad de crecimiento, la composición corporal y el rendimiento de la canal al peso al sacrificio.

En el crecimiento posnatal de los animales, dos tipos de crecimiento ligados a la genética tienen influencia en la producción animal, el enanismo que lógicamente su presencia en los animales productores de carne tiene un impacto negativo en la producción animal y el doble músculo o hipertrofia muscular presente en las distintas razas de ganado vacuno (Cuadro 3. 4.), que da lugar a canales con una tasa de magro hueso muy grande, poca grasa en la canal y un menor tamaño del tracto gastrointestinal, lo que hace a las líneas de ganado con esta condición genética muy atractivos por su rendimiento de la canal y calidad de carne.

Tanto el enanismo, como el doble músculo se deben a la expresión de genes recesivos. En el ganado porcino existen dos genes el del Halotano y el RN~, en los cuales su presencia y frecuencia en el animal los hace indeseables para la producción animal, uno por causar hipertermia maligna y él otro un pH de la carne muy bajo, ambos finalmente causan que la carne del cerdo tenga una capacidad de retención de agua muy baja (músculo pálido suave y exudativo) y sea de baja calidad.

Medio ambiente y clima. La bioclimatología tiene un gran impacto en la producción animal, ya que los distintos medios en que se desarrolla un animal pueden afectar positiva o negativamente la capacidad del animal para expresar su potencial genético afectando la eficiencia de producción. Además, el clima causa que se altere la fisiología del animal, provocando que el mismo se tenga que adaptar al medio ambiente, pero la capacidad del animal para adaptarse tiene efectos en el crecimiento, morbilidad, mortalidad y capacidad de reproducción.

En general los el ganado de las zonas templadas (temperatura promedio anual de 25 °C) tiene una forma rectangular y compacta, pelo largo, extremidades y cuello cortos y los animales de la zona tropical (temperatura promedio anual mayor de 25°C y alta humedad relativa) tienen una forma angulada, extremidades largas, más piel y mayor número de glándulas sudoríparas, pelo corto y generalmente de colores claros, todo para tener una eficiente disipación del calor corporal y mantener su temperatura estable.

Cuadro 3. 4. Algunas razas de ganado vacuno que presentan hipertrofia muscular (porciento de carne consumible).

RAZAS	NORMAL	HIPERTROFIADO
Santa Gertrudis	69.9	- - - -
Brahmán	71.8	77.1
Criollo	74.8	- - - -
Charolais	71.4	80.0
Maine Anjou	69.8	79.9
Polish Black and White	66.6	80.7

Adaptado de Willis y Preston (1969b) y Boccard, R. (1981).

Nutrición. En la formulación de raciones las proporciones de los distintos nutrientes se establecen para que los resultados de la producción animal de animales mono gástricos o rumiantes sean óptimos. El crecimiento y desarrollo óptimo de los tejidos animales es dependiente de que tanto la dieta que recibe el animal fue formulada con cantidades y proporciones adecuadas de proteína (aminoácidos), carbohidratos, grasas, vitaminas y minerales. Se han realizado un gran número de investigaciones en las distintas especies domésticas, evaluando el efecto de la cantidad y calidad de nutrientes o nivel de nutrición, por ejemplo en ganado porcino (mono gástrico) y ganado vacuno y ovinos para producción de carne (rumiantes) sobre su comportamiento productivo, su curva de crecimiento, la calidad de la canal y carne.

Nivel nutricional. Se puede definir como la cantidad de nutrientes que consume él animal para su óptimo crecimiento, cuando los animales consumen alimentos que contienen más energía de la requerida para el mantenimiento de su cuerpo, se produce el crecimiento , el cual medido como ganancia de peso se ve afectado principalmente por el consumo de energía el cual depende de su concentración en la ración, y del nivel de alimentación. El incremento en el consumo de energía aumenta la ganancia del peso vivo y del peso de la canal del animal. El nivel nutricional del animal entonces tiene bastante influencia en la eficiencia de producción del animal, la ganancia de peso, y en el crecimiento de los componentes y total del cuerpo del animal.

Diversos estudios han puesto de relieve la importancia de la calidad de los nutrientes energéticos y proteicos puestos a disposición del músculo para la proteo génesis y el papel que el equilibrio de estos nutrientes tiene sobre el estado hormonal del animal y su efecto en el metabolismo de las proteínas y de los lípidos. Por lo tanto, los factores principales involucrados en el crecimiento animal son el contenido de energía y la cantidad y calidad de proteína en la ración. La densidad energética de la ración es importante para optimizar el consumo y las proporciones de energía y proteína, también son importantes para un adecuado crecimiento y la composición corporal del animal.

El consumo de energía por los animales, permite modificar la velocidad de crecimiento, la composición del crecimiento, y la composición corporal del animal al sacrificio. Utilizando novillos Holstein bajo tres regímenes de alimentación energética: baja (B), normal (N) y alta (A), (Martín et al. 1978), observaron que los animales bajo el régimen A, ganaron más peso y tuvieron mejor conversión alimenticia que los del grupo B y N. Las canales de animales régimen alto, tuvieron más marmoleo, área de ojo de costilla y grasa dorsal, que las de los animales en los otros dos regímenes alimenticios, además observaron que el tejido magro en las canales de los animales alimentados con raciones bajas, normales y altas de energía fue de 68.6%, 64.1%, y 60.7% respectivamente, y que en las canales producidas por los animales alimentados con más energía el contenido de grasa (20.1%) fue prácticamente el doble, con respecto a las de los animales alimentados con menos energía (10.3%). Por otra parte para evaluar el efecto del consumo de energía sobre la composición de la canal de novillos de diferente talla a la madurez, se utilizaron ganado Charolais (talla grande) y ganado Hereford (talla chica) y se encontró que el ganado Charolais usa la energía de la ración en forma menos eficiente que el ganado Hereford (talla chica), para ganancia de peso y que los animales de talla grande son más magros al mismo peso al sacrificio (Old y Garrett, 1987). El consumo energético influye en la composición de la canal, principalmente a través de la deposición de proteína y después por la acreción de tejido graso, (Figura 3. 5.), por lo tanto, la restricción de energía en la ración, afecta la composición del cuerpo del animal (tejido muscular, tejido adiposo, tejido óseo), (Boggs et al. 1998).

Por otra parte se hace necesario aclarar que la ración que se ofrecida a los animales debe tener los nutrientes en proporciones adecuadas para cada etapa del crecimiento del animal, para lograr una mejor partición de los nutrientes hacia la síntesis de proteína (tejido muscular). Los nutrientes ingeridos, son particionados hacia distintos tejidos y son utilizados de acuerdo a la prioridad de los tejidos durante el crecimiento, primero para cubrir las necesidades del sistema nervioso central, para el depósito tejido óseo, tejido muscular y tejido adiposo Hammond et al. (1983). También las necesidades en proteína son mayores cuando el animal es más joven. Martin et al. (1978). La restricción de proteína disminuye la ganancia diaria de peso del animal, ya que, el crecimiento posnatal rápido de los animales tiene un requerimiento alto de proteína, siendo más afectado por la calidad de la ración el tejido muscular (Boggs et al. 1998).

Los rumiantes son menos sensibles al aporte de proteína que los monogástricos, sobre todo alrededor o por encima de la satisfacción de las necesidades. En dietas con niveles altos de proteína se observa un mayor espesor de la grasa de cobertura; la explicación puede estar en que con estas dietas el consumo de proteína por kg de ganancia es mucho mayor y esta proteína puede ser usada con fines energéticos. El nivel de proteína disminuye al aumentar el peso vivo así como al disminuir el nivel energético y la composición de la canal depende tanto del contenido de proteína de la dieta como del nivel energético de la misma (Andrew y Orskov, 1970).

Figura 3. 5. Curvas de crecimiento de animales de maduración tardía de tamaño grande y maduración temprana de tamaño pequeño. Adaptado de Kempster et al. (1982).

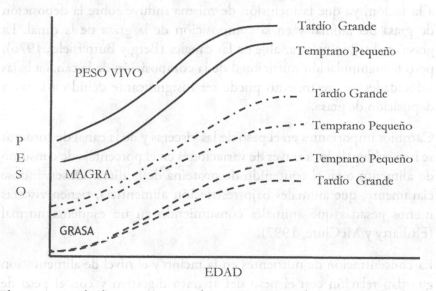

El aumento de la proteína en la ración se traduce, en general, en aumentos ligeros en el consumo del alimento, en la velocidad de crecimiento y en contenido en proteínas de la canal, así como en una disminución del contenido de grasa de la canal. Por otra parte, el exceso de proteína en la ración tiende a incrementar el consumo de alimento, con lo cual aumenta la energía ingerida; además como el animal puede utilizar este exceso de proteína con fines energéticos, el consumo por los animales de raciones con niveles altos de proteína, tienden a incrementar la deposición de tejido graso y aumentar el espesor de la grasa subcutánea.

Anderson et al. (1988), utilizando novillos y raciones de 10, 12 y 14% de proteína, observaron que con estos niveles de proteína no se afectó el rendimiento del animal al sacrificio, pero si existió mayor deposición de tejido graso, y que la ganancia de peso de la canal y peso vivo presentan respuestas paralelas al incremento de la proteína en la ración.

La incorporación de grasa a la dieta tiene efectos sobre las características organolépticas y composición de la carne, Brandt y Anderson (1990) al incluir grasa en la dieta para novillos observaron una mejor ganancia de peso, concentración estimada de energía neta y en el peso de la canal y en el rendimiento del animal. También Fiems et al. (1990) obtuvieron una mejora de un 1% en el rendimiento del animal al adicionar grasa a la ración, ya que la inclusión de misma influye sobre la deposición de grasa del animal y en la composición de la grasa de la canal. La grasa es el tejido más variable en las canales (Berg y Butterfield, 1976), pero la manipulación nutricional de la composición de la canal a bajas velocidades de crecimiento puede ser insignificante debido a la poca deposición de grasa.

Cambios importantes en el peso de las vísceras y de la canal de corderos se han evidenciado, a través de variaciones en el porcentaje de consumo de alimento o en el contenido de proteína de la dieta. Observándose claramente, que animales bajo restricción alimenticia, tienen vísceras menos pesadas que animales consumiendo en un esquema normal (Fluharty y McClure, 1997).

La concentración de nutrientes en la ración y el nivel de alimentación guardan relación con el peso del aparato digestivo y con el peso de su contenido. Cuanto mejor es la calidad de la ración menor será el contenido del tracto gastrointestinal (Beranger, 1975), este autor encontró que cuando bovinos hembra se alimentaron con una ración de paja molida, el contenido de su tracto intestinal representaba el 21.1% del peso vivo y cuando las hembras consumieron heno de alfalfa y concentrado el contenido fue de 12.4 % . Sin embargo, la influencia que tiene la proporción de concentrado y forraje en la ración del animal en el contenido del tracto gastrointestinal el cual según Geay (1975), puede variar desde un 10 hasta un 20 % del peso vivo, tiene un marcado efecto en el rendimiento del animal.

Peterson et al. (1973) En cambio vieron mejores rendimientos a medida que aumentaba la energía de la ración, posiblemente debido al menor contenido gastrointestinal y el rendimiento de los animales sometidos a niveles de nutrición altos aumenta más rápidamente que los sometidos a niveles bajos. La razón es que las ganancias de peso se depositan en la canal y no en el tubo digestivo o vísceras y dar lugar a mayor cantidad de carne vendible. Las canales más pesadas tienen más grasa, menos músculo y hueso, de ahí que se relacione el peso de la canal con su composición (Kirton, 1976). La relación músculo: grasa sufre diferencias muy marcadas dependiendo del régimen de alimentación, la composición de la canal se ve influenciada por la alimentación, ya que el nivel nutricional produce variaciones en el crecimiento, y por lo tanto en la composición corporal del animal. Normalmente, el rendimiento disminuye cuando el consumo de alimento se reduce (Anderson, 1978), además, el peso al sacrificio modula la proporción relativa de los diferentes tejidos. El ganado alimentado con niveles de alimentación altos tiene más grasa a cualquier peso al sacrificio que el alimentado con niveles bajos. Los efectos del nivel de nutrición se deben al nivel de consumo de energía en relación con las necesidades de crecimiento proteico; consumos energéticos mayores hacen que se comience a depositar grasa, entonces esto supone la existencia de un límite biológico en el potencial fisiológico para depositar proteína por el animal, almacenando el resto de energía consumida como grasa y que el consumo de energía influye en la velocidad de crecimiento tanto a nivel de síntesis proteica como de formación del tejido graso, si la velocidad de crecimiento es alta, el crecimiento será rápido y el animal tenderá a engrasarse. Entender los cambios que se observan en la curva de crecimiento de un animal, que causan efecto en la calidad de la canal producida bajo diferentes regímenes de alimentación, ha permitido a la industria Pecuaria, diseñar las estrategias de manejo nutricional requeridas para el mejor aprovechamiento de los mismos, en los diferentes tipos de mercado e impactar en la economía de los sistemas de producción, de las distintas especies de animales.

Raza. La raza influye fundamentalmente en el formato corporal adulto. Cada raza tiene un patrón característico de deposición de grasa. Wood et al. (1980), observaron que las razas mejoradas poseen mayor cantidad de grasa subcutánea, mientras que las razas rústicas no mejoradas poseen más cantidad de grasa interna (pélvico – renal y omental) y Klostmann y Parker (1976) concluyen que las dietas más bajas en energía son mejor utilizadas por razas precoces que consumen más alimento por unidad de peso.

CAPÍTULO IV

CRECIMIENTO Y DESARROLLO MUSCULAR

ALMA D. ALARCÓN-ROJO

Características musculares para la selección.

Hasta ahora la selección genética del ganado bovino ha sido dirigida hacia el crecimiento muscular para aumentar la eficiencia en la producción de carne, y así, dar más ganancias al productor y al engordador. Sin embargo, los consumidores modernos buscan productos de calidad sensorial confiable (sabor, blandura, etc.).

Por este propósito, en los programas de selección, las razas especializadas en carne pueden ser usadas por su alta tasa de crecimiento y contenido de carne magra. Debido a la gran variabilidad genética dentro de la raza (altos coeficientes de heredabilidad), el crecimiento muscular puede también ser mejorado por la selección siempre y cuando la composición del cuerpo sea estimada correctamente. Solamente el carnicero y el consumidor están interesados en mejorar la calidad de la carne. Por lo tanto ésta última no se incluía en los programas de mejoramiento genético del ganado bovino.

Al comparar razas o estimaciones de heredabilidad dentro de una raza se ha visto que existe una variabilidad genética significativa en calidad de la carne y ésta es menor que para crecimiento muscular. Entre las características de calidad, aquellas relacionadas con blandura muestran la variabilidad genética más alta. Entre razas o dentro de la raza las estimaciones de las relaciones genéticas entre calidad de carne y crecimiento muscular no son suficientemente claras para esperar cualquier cambio en blandura cuando se selecciona por crecimiento muscular alto (Renant, 1988).

El crecimiento se define como un incremento en la masa muscular. La masa aumenta por hiperplasia en las etapas tempranas de la vida y la hipertrofia en las etapas tardías, sin embargo la hiperplasia del tejido adiposo continua a lo largo de la vida.

La curva de crecimiento es la masa o el peso acumulado graficada contra la edad, es una sigmoidea que consiste en una fase acelerada de la pre pubertad más una desaceleración de la fase de la pos pubertad. Matemáticamente esta curva puede considerarse como una función de la masa madura, la velocidad del crecimiento fraccional y la edad. A una específica fracción de masa madura, la composición del cuerpo parece ser constante, pero el nivel al cual la nutrición puede afectar la masa muscular no es bien conocido. Si la masa madura es alterada la composición corporal a cualquier masa dada será alterada.

Muchos de los avances en la velocidad y eficiencia del crecimiento y en la reducción de grasa de los cortes cárnicos pueden ser explicados por el incremento en la masa de la proteína de rumiantes. Un período de crecimiento y deposición de grasa restringidos (como en pastoreo) pueden aumentar el peso al sacrificio del ganado pequeño en un rango más deseable a través del aumento en la masa proteica. Sin embargo, los terneros con crecimiento retardado son mes eficientes en la ganancia de peso durante la engorda que los engordados inmediatamente después del destete (Owens et al. 1993).

Desde 1971 Hiner y Bond demostraron que la velocidad de crecimiento muscular varía entre grupos de diferente edad independientemente del régimen alimenticio. El músculo psoas major y el semitendinosus tienden a aumentar de peso más rápidamente que los músculos rectus femoris y aductor y el incremento más rápido en crecimiento muscular ocurre entre los 6 y los 12 meses de edad. Los pesos del psoas major, biceps femoris y tríceps brachii aumentan su proporción conforme el animal va madurando. El músculo semitendinosus tiene aproximadamente la misma proporción de carne magra a través de todo el período de crecimiento. Los demás músculos como longissimus, semimembranosus, rectus femoris y aductor, aumentan en proporción de carne magra. Las áreas transversal y longitudinal de estos músculos muestran diferencias similares a aquellas observadas en los pesos de los músculos individuales.

Wegner et al. (2000) investigaron los cambios en las características de la fibra muscular relacionados con el crecimiento y con la raza y su importancia en la calidad de la carne. Ellos estudiaron cuatro razas bovinas especializadas en la producción de carne y demostraron que el número de fibras es determinado en el desarrollo embrionario y que los bovinos Belgian Blue de doble musculatura tienen casi dos veces más fibras que las otras razas, enfatizando una hiperplasia más extensiva de fibras musculares durante el desarrollo embrionario que en otras razas especializadas en la producción de carne.

En general, juntando todas las razas, la carne más pálida está relacionada con una alta frecuencia de fibras tipo IIB, un área menor de fibras tipo IIA y tipo I y un número mayor de fibras musculares totales. La cantidad de fibras tipo I no es afectada por la raza, sugiriendo que las fibras adicionales encontradas en los animales de doble musculatura postnatalmente fueron fibras tipo IIB y IIA. No observaron diferencias en calidad de carne, número total de fibras y frecuencias en el tipo de fibra entre razas a excepción de la Belgian Blue de doble musculatura (Wegner et al. 2000).

Un metabolismo muscular mayormente glucolítico está asociado con una mejor utilización de la glucosa, una sensibilidad muscular más alta a la insulina, un mayor desarrollo muscular, una reducción en el gasto energético, y un aumento en el contenido de glucógeno. La mejora en el crecimiento muscular a través de la selección induce a un metabolismo muscular menos oxidativo asociado con un contenido menor de lípidos intramusculares. En cambio, un incremento en el abastecimiento de nutrientes ricos en energía favorece la deposición de proteína, glucógeno y lípidos intramusculares. Sin embargo un exceso en la energía puede ser responsable de un incremento en la resistencia del músculo a la insulina lo cual favorece la adiposidad de la canal (Hocquette et al. 2000).

La actividad física de los animales y la adaptación al frío modifica las características musculares a favor del metabolismo oxidativo. Aún falta investigar si la optimización de la eficiencia de producción de ATP y su utilización es compatible con las mejoras de la calidad de la carne, especialmente a través del contenido de glucógeno y lípidos intramusculares.

Cassar-Malek et al. (2005) Realizaron un estudio con toretes Charolais seleccionados por su capacidad de crecimiento y llevaron a cabo mediciones bioquímicas y análisis de transcripción usando macro arreglos de cDNA de músculo bovino con muestras de los músculos Rectus abdominis (RA, oxidativo) y Semitendinosus (ST, glucolítico) obtenidas a los 15 meses de edad de dos grupos, cada uno conformado de tres toros de muy alta (H) o de muy baja (L) capacidad de crecimiento muscular. Los grupos se diferenciaron por masa muscular y por la proporción de grasa en la canal. La actividad de la sintasa citrato (una enzima mitocondrial) fue más baja en el músculo RA de los toros H que en los toros L. Los estudios de transcripción ayudaron a identificar 11 de 400 genes (la mayoría del aparato contráctil) que se expresaron de diferente manera entre los músculos de los toros L y H. Por lo tanto, la selección en el potencial de crecimiento muscular está asociada con las características de los músculos rápidos y glucolíticos, especialmente en el músculo RA. Estos autores concluyen que se necesitan más estudios para entender la importancia fisiológica de los genes cuya expresión es regulada por la selección.

Sudre et al. (2005) en un estudio sobre las consecuencias de la selección por crecimiento muscular sobre las características del músculo observó que la actividad mitocondrial fue menor en músculos de toros de crecimiento muscular alto. Los estudios transcriptómicos permitieron la identificación de genes expresados diferencialmente. La expresión diferencial entre los tipos genéticos de dos genes en RA (una proteína de shock calórico y una proteína que interactúa con el receptor tiroideo) y de siete genes en St (incluyendo LEU5, tropomiosina2, y sarcosina) fueron confirmados por aproximaciones estadísticas diferenciales de análisis de Northern blot así como expresiones diferenciales de cinco genes (incluyendo PSMD4 y sintetasa DPM) entre RA y ST. Los resultados bioquímicos y transcriptómicos indican que la selección por el potencial de crecimiento del músculo está asociado con las características de los músculos oxidativos y lentos.

Jurie et al. (2005) Estudiaron el efecto de la edad y de la raza en parámetros de crecimiento y características de canal de cuatro razas francesas: Aubrac, AU; Charolais, CH; Limousin, LI; y Salers, SA) de toros sacrificados a los 15, 19 y 24 meses de edad. Ellos determinaron las características en tres músculos: longissimus thoracis (LT), semitendinosus (ST) y triceps brachii (TB). Ellos observaron que la ganancia diaria disminuyó con la edad pero las características de la canal (peso de músculo, grasas y hueso) aumentaron con la canal. El área de las fibras oxidativas aumentó más entre 15 y 24 meses que el área de las fibras glucolíticas. Los músculos se volvieron más oxidativos arriba de los 19 meses de edad, además el colágeno insoluble disminuyó entre 15 y 19 meses pero el colágeno total aumentó arriba de los 19 meses de edad.

En un estudio sobre los efectos de la velocidad de crecimiento en la composición de la canal, Yelich et al. (1995) observaron que en el primer año las vaquillas (431 d) bajo restricción de alimento fueron mayores al entrar a la pubertad que las vaquillas con alimentación completa (371 kg). El tratamiento alteró significativamente la edad, el peso corporal, la composición de la canal, y la partición de lípidos en la pubertad de vaquillas. Ellos concluyeron que el porcentaje de grasa corporal no es un regulador único de la pubertad, y que la edad podría ser un modulador importante en la determinación del establecimiento de la pubertad en vaquillas.

La hipertrofia postnatal de la fibra, asociada con la acumulación de mionúcleos (proliferación de células satélite) y proteínas musculares específicas está inversamente correlacionada con el número de fibras musculares formadas postnatalmente. Tanto el grosor como el número de fibras están influenciados por la selección como se muestra por las diferencias entre razas y por las respuestas correlacionadas con la selección por crecimiento muscular (Rehfeldt et al. 2000).

Los aumentos en la masa muscular solamente por hipertrofia de la fibra como han sido observados particularmente en cerdos y pollos pueden estar asociados con problemas en la adaptabilidad al estrés y consecuentemente con la calidad final de la carne. La variabilidad genética y la heredabilidad del número y tamaño de la fibra muscular son suficientemente mayores para incluir estas características en la selección de animales de granja en adición a los criterios que comúnmente se usan en la selección para mejorar el contenido de carne magra y la calidad de la carne.

Los programas de mejoramiento de cerdos han sido dirigidos a la selección por producción rápida de carne magra (Brocks et al. 2000), lo cual está influenciada por la interacción de varios genes. En algunas razas los resultados incluyen una disminución a la resistencia al estrés y una calidad pobre (Cameron, 1990; Jin et al. 2006), por lo tanto algunas pruebas de selección modernas han sugerido considerar las propiedades funcionales de músculo (Lengerken et al. 1994; Maltin et al. 1997; Morel et al. 2006). Se ha reportado que la mayoría de las características de la fibra tiene una heredabilidad media y correlaciones genéticas significativas con la producción de carne magra y las características de calidad (Larzul et al. 1997; Fiedler et al. 2004). Las características funcionales, estructurales y metabólicas de los tres principales tipos de fibras son diferentes en los animales adultos. Las fibras del músculo rojo (tipo 1) son ricas en contenido de mioglobina y tienen capacidad metabólica oxidativa y baja capacidad glucolítica, mientras que las fibras intermedias (tipo 2a) y las fibras blancas (tipo 2b) son fibras rápidas y tienen actividad metabólica oxidativa baja y actividad glucolítica alta (Essen-Gustavsson et al. 1994).

Kim et al. (2008) investigaron el posible uso de las características de la fibra muscular como una característica nueva de selección para mejorar la producción de carne magra y la calidad. Ellos clasificaron los cerdos en tres grupos (bajo, intermedio y alto según el número total de fibras musculares usando un análisis clúster. El grupo alto presentó la mayor área del ojo de la costilla (p<0.001). Este último grupo fue clasificado, a su vez, por el porcentaje de fibras 2b en grupo alto y bajo por análisis clúster. Los resultados mostraron que el grupo de fibras 2b bajo tuvo una buena área del ojo de la costilla, poca pérdida por goteo, y no produjo cerdo PSE. Por lo tanto, un número de fibra muscular total alto con un bajo porcentaje de fibra tipo 2b podría ser adecuado en la selección para mejorar el contenido de carne magra y la calidad de la carne.

Hormona del crecimiento y esteroides anabólicos.

Los esteroides anabólicos son ampliamente usados como promotores de crecimiento en engorda de ganado bovino ya que han mostrado aumentar la velocidad de crecimiento y mejorar la eficiencia alimenticia por aproximadamente un 20 y un 15% respectivamente, siendo el impacto económico en los Estados Unidos de billones de dólares. A pesar de que los esteroides son ampliamente usados, los mecanismos a través de los cuales aumentan el crecimiento muscular no son totalmente conocidos.

Los implantes que promueven el crecimiento han estado disponibles en diversas formas por muchos años. Las dos principales clases de implantes registrados para uso en Canadá más usados en Norteamérica consisten de compuestos estrogénicos (benzoato de estradiol, estradiol 17B y zeranol) o compuestos androgénicos (acetato de trenbolona (TBA) en combinación con benzoato de estradiol o estradiol 17ß) (Elanco Animal Health, 2000).

Los implantes trabajan conjuntamente con las hormonas naturales en el cuerpo animal resultando en un incremento en la ganancia de peso, una eficiencia alimenticia mejorada y en canales más magras. Esto se logra a través de la partición de nutrientes para ayudar al tejido magro o al crecimiento muscular. Los compuestos estrogénicos estimulan el cuerpo animal al aumentar la división celular lo cual resulta en más músculo y niveles mayores de crecimiento esquelético. Los implantes aumenta la ganancia de peso de un 5 a un 23% y la eficiencia alimenticia puede mejorar de un 3 a un 11% (University of Nebraska-Lincoln, 1997).

El implante debe ir de acuerdo al sexo del animal. Las razas no británicas ganan peso más rápidamente y tienden a ser más difíciles de finalizar (ej., Charolais, Simmental) y son por lo tanto se les debe asignar una estrategia de implante menos agresiva. Las razas británicas (ej., Hereford, Angus) son más fáciles de finalizar y se deben usar estrategias de implante más agresivas para lograr canales de estructura más grande al momento de finalización. Los implantes tipo estradiol mejoran las ganancias y la eficiencia en pastoreo, siempre y cuando la calidad de la pastura sea la adecuada y la densidad sea la óptima para permitir las máximas ganancias. Los implantes tipo androgénico son más usados en las etapas de finalización. Cuando se usan éstos se recomienda alimentar el ganado por 15 días más para permitir el desarrollo del marmoleo en la canal (Elanco Animal Health, 2000).

Hace 25 años, Ricks et al. (1984) reportaron que el clenbuterol, un compuesto con estructura similar a las catecolaminas endógenas, modulaba el crecimiento del ganado bovino. El clenbuterol, en particular, incrementa la deposición de músculo a expensas del tejido adiposo en los novillos. Esos autores usaron el término "actividad de repartición" para describir los cambios dramáticos que se observaban en los cambios en la composición de la canal cuando administraban al ganado en crecimiento con clenbuterol oral.

Otros compuestos similares al clenbuterol (cimaterol, L-644,969, ractopamina y el zilpaterol) tienen también estructura similar y propiedades farmacológicas a las catecolaminas endógenas, a la norepinefrina (NEPI) y a la epinefrina (EPI). Adicionalmente, estos agentes de repartición también se conocen como agonistas beta-adrenérgicos (B-AA) debido a su afinidad relativamente alta al receptor beta-adrenérgico (B-AR). Solo la ractopamina (nombre comercial Optaflexx) está aprobada en los EUA, mientras que el zilpaterol (Zilmax) está aprobado en Sudáfrica y en México.

Una respuesta biológica a cualquier ciclo de señalización es dependiente de la presencia de un receptor específico en las células del tejido de interés. Para producir un efecto biológico, B-AAs se une a B-ARs. La mayoría de las células de los mamíferos contienen B-AR, pero la distribución y el número de cada subtipo varía entre los diferentes tejidos dentro de la misa especie, la explicación a esto son las diferencias en la magnitud de los efectos biológicos en los tejidos del mismo animal. El consumo voluntario de alimento no es afectado por la administración de B-AA en vaquillas y novillos, por lo que B-AA tiene efectos mínimos en el consumo de materia seca. La ganancia de peso puede o no aumentar con B-AA, pero la eficiencia alimenticia se mejoró de un 10 a un 30%

en novillos y vaquillas. Estas mejoras son el resultado de los cambios dramáticos en la ganancia de la composición (> proteína, < grasa) (Feedstuffs, 2004).

En la mayoría de los casos la cantidad de magro incrementa y la cantidad de grasa disminuye. Este no es el caso de los promotores de crecimiento como somatotropina.

Maltin et al. (1990) reportaron que los músculos de animales tratados con hormona de crecimiento (GH) exhibieron un aumento en la concentración de DNA la cual no fue vista en músculos no tratados. La respuesta diferencial en los dos agentes sugiere que el clenbuterol no media sus efectos vía el eje GH y que se podría obtener una respuesta aditiva en términos de anabolismo de proteína con el uso de una combinación de clenbuterol y GH.

Moseley et al. (1992) evaluaron el efecto de la somatotropina bovina recombinante en la eficiencia productiva de novillos y observaron que el crecimiento de los bovinos es dependiente de la dosis de somatotropina. Cuando los novillos recibían inyecciones de 33 microgramos/kg por día presentaron mayor ganancia y eficiencia alimenticia pero disminuyeron cuando la concentración se aumentó a 100 y 300 microgramos/kg siendo los resultados aún menores que sin somatotropina. La administración de somatotropina alteró la composición de la canal aumentando la proteína y disminuyendo la grasa de la canal.

Vestergaard et al. (1995) investigaron en 16 vaquillas Friesian pre púberes el efecto de la hormona somatotropina y la ovariotomía a los 2.5 meses de edad sobre características de productividad y niveles hormonales. Ellos encontraron que los efectos de la hormona de crecimiento sobre la productividad y la engorda de la canal están de acuerdo con los cambios hormonales observados. Cuando el sacrificio se lleva a cabo antes de la pubertad, la ovariotomía no tiene efecto en la productividad, solamente un efecto ligero en la calidad de la carne y un efecto muy pequeño en las concentraciones de hormonas.

Florini et al. (1996) Estudiaron la estructura de la hormona de crecimiento y sus resultados especifican que la hormona de crecimiento es una proteína simple (que contiene solo una cadena interna con enlace

S-S y relativamente estable) de 22 kDa, y los IGFs (IGF-I y IGF-II) son cadenas sencillas con tres cadenas internas de disulfuro (y muy estables en condiciones neutras o ácidas) de 7.5 kDa. Adicionalmente han sido caracterizadas seis proteínas ligadoras de IGF específico (IGFBP-1 a -6). Los IGFBPs incluyen numerosos di sulfuros y son muy estables, y retienen la actividad ligadora a IGF después de la precipitación con ácido tricloroacético y la separación por electroforesis en geles de SDS.

El aumento en los niveles de IGF-I muscular estimula la proliferación de células satélite lo cual resulta en el incremento del crecimiento muscular observado en novillos implantados con Revalor-S (acetato de trenbolona combinado con estradiol) (White et al. 2003).

Rausch et al. (2002) observaron que el tratamiento con somatotropina bovina aumentó la velocidad de crecimiento y estimuló la producción de IGF-1 en el suero y disminuyó las proteínas ligadoras del IGF (IGFBP-3 y la IGFBP-2). El consumo de 0.75 ad libitum redujo la respuesta de la magnitud para cada una de las variables. Ellos concluyeron que al limitar la alimentación se reduce el efecto de la somatotropina exógena sobre la velocidad de crecimiento.

Se conoce que nivel de IGF-I es parcialmente responsable del aumento en el número de células satélite, del incremento en el núcleo de las miofibrillas, del aumento de hipertrofia y del aumento en el crecimiento muscular observado en los animales y humanos tratados con esteroides anabólicos. El papel de la IGF-I en el crecimiento aumentado por esteroides ha sido estudiado en músculo de res y en células satélite de bovino (BSC) por Pampusch et al. (2008), quienes reportaron por primera vez que el agonista específico GPR30, llamado G1, estimula la expresión del mRNA del IGF-I en cultivos de BSC. Estos autores también identificaron algunos inhibidores de IGF-I que disminuyen la proliferación de BSC.

Esta investigación conduce a un mayor entendimiento del mecanismo del crecimiento muscular inducido por esteroides y al entender los mecanismos biológicos que determinan el crecimiento muscular se contará con las bases para el desarrollo de alternativas al uso de esteroides y de futuras herramientas para aumentar el crecimiento muscular de animales para carne, lo cual redundará en ganancias billonarias en este sector productivo.

Sadkowski et al. (2009) usaron un arreglo de cDNA (18 263 fragmentos) para el análisis de la transcriptoma del músculo esquelético de bovino (m. semitendinosus) en toros de 12 meses de edad de la raza Limousin (LIM) y en ganado lechero Holstein-Friesian (HF, usado como referencia). El objetivo era identificar los genes cuya expresión podría reflejar el fenotipo muscular de los toros. Una comparación de los perfiles transcripcionales del músculo reveló que hay diferencias significativas en la expresión de 393 genes entre HF y LIM. Los genes estaban involucrados en el metabolismo de proteína y en modificaciones, transducción de señales, metabolismo de ácidos nucléicos, nucleósidos y nucleótidos, ciclo celular, motilidad y estructura de la célula, procesos de desarrollo, transporte, adhesión celular, metabolismo de grasas, entre otros. Estos autores propusieron un modelo de regulación del crecimiento del músculo esquelético y de la diferenciación con un papel principal para el ciclo de la somatotropina. Ellos suponen que la hormona de crecimiento activa directa o indirectamente (a través del IGF-1) el ciclo de señalización del calcio con calcineurina la cual estimula los factores regulatorios miogénicos (MRFs) e inhibe el gen de respuesta de crecimiento temprano. La inhibición resulta de una activación indirecta de MRFs y desiguala la activación de TGF-beta1 y miostatina la cual finalmente facilita la diferenciación del músculo terminal.

Los esteroides anabólicos se ha usando ampliamente como promotores de crecimiento en ganado de engorda. Hay una evidencia creciente que sugiere que el aumento de los niveles musculares de IGF-I y el número de células satélite del músculo juegan un papel importante en el incremento del crecimiento muscular por los esteroides anabólicos. En contraste, los miembros de la familia TGF-beta y miostatina detienen el crecimiento muscular in vivo y retardan la proliferación y la diferenciación de células miogénicas cultivadas. Evidencias recientes sugieren que el IGFBP-3 y el -5 tienen una relación importante con el control de las acciones de la proliferación-disminución de ambos TGF-beta y miostatina.

Mecanismos regulatorios del crecimiento corporal.

El crecimiento es un proceso integrado que resulta de la respuesta de las células dependiente del estatus endócrino y la disponibilidad de nutrientes. Durante la restricción alimenticia, la producción y la secreción de la hormona de crecimiento (GH) por la glándula pituitaria es incrementada, pero el número de receptores de GH disminuye (Hornick, 2000).

La diferenciación de las células musculares para formar miotubos pos mitóticos es usualmente visualizada como si fuera negativamente controlada por componentes del medio, algunas veces designados "mitogenes". Florini et al. (1991) encontraron una familia de agentes mitogénicos, los factores de crecimiento tipo insulina (IGFs) que son potentes estimuladores de la diferenciación de mioblastos los cuales actúan induciendo la expresión del gen de la miogenina. La acción de los IGFs ocurre cuando estos factores de crecimiento no son adicionados al medio celular, al transferirse al medio de diferenciación de suero-bajo, los mioblastos empiezan una expresión activa del gen del IGF-II, en ambos niveles de mRNA y proteína. Además la secreción autocrina de IGF-II es esencial para el proceso de diferenciación terminal de las células.

Hornick (2000) documentó ampliamente los mecanismos de crecimiento reducido y compensatorio. Él señala que los cambios en las proteínas ligadoras de GH inducen resistencia de la GH seguidas de una reducción en la secreción de los factores de crecimiento tipo insulina-I (IGF-I). Por otra parte, una circulación elevada de niveles de GH incrementa la movilización de ácidos grasos, los cuales se usan como fuente de requerimientos de energía. Por lo tanto cuando la restricción alimenticia es moderada hay más acumulación de proteína que de grasa. Contrariamente, una restricción alimenticia severa incrementa la liberación de hormonas catabólicas y estimula la liberación de aminoácidos de las células musculares, los cuales se usan por los hepatocitos para la gluconeogénesis.

En la realimentación y el crecimiento compensatorio la secreción de insulina es aumentada marcadamente y las concentraciones de GH en el plasma permanecen altas. Esta situación probablemente permite que un mayor número de nutrientes sea utilizado en el proceso de crecimiento.

El papel del IGF-I plasmático durante el crecimiento compensatorio no está claro y se debe explicar con los cambios en sus proteínas ligadoras. La tiroxina y la 3,5, 3'-triiodotironina parecen tener un efecto permisivo en el crecimiento. La ocurrencia simultánea de la pubertad con la realimentación puede ejercer un efecto sinergístico en el crecimiento. Inicialmente el crecimiento compensatorio se caracteriza por la deposición de tejido muy magro, similar al que se presenta en la restricción alimenticia. Si este efecto dura por varios días, entonces la disminución en la síntesis de proteína y el consumo de alimento elevado conduce a un incremento en la deposición de grasa (Hornick, 2000).

Oksbjerg et al. (2004) describieron cómo son controlados los eventos básicos del desarrollo del músculo prenatal y el crecimiento del músculo esquelético postnatal por el sistema de factores de crecimiento tipo insulina (IGF). Ellos indican que los eventos prenatales (miogénesis) cubren la velocidad de proliferación, la velocidad y la extensión de la fusión, y la diferenciación de tres poblaciones de mioblastos, que dan lugar a fibras primarias, secundarias y a una población de células satélite respectivamente. El número de fibras musculares, que es determinante en la velocidad de crecimiento post-natal, es fijado al final de la gestación. Los eventos postnatales que contribuyen a la hipertrofia de la miofibrilla comprenden la proliferación y diferenciación de células satélite y del metabolismo de la proteína. Los cultivos de células musculares producen IGFs y proteínas ligadoras de IGF (IGFBPs) en varios grados dependiendo del origen (especie y tipo de músculo) y del estado de desarrollo de las células sugiriendo un modo de acción autocrina/paracrina de los factores relacionados con IGF. IGF-I e IGF-II estimulan la proliferación y la diferenciación de mioblastos y células satélite de una forma dependiente del tiempo y de la concentración, vía interacción con receptores de IGF tipo 1. Sin embargo las IGFBP pueden inhibir o potenciar el efecto estimulante de los IGFs en la proliferación o en la diferenciación. Durante el crecimiento postnatal in vivo o en células musculares totalmente diferenciadas en cultivo el IGF-I estimula la velocidad de la síntesis de proteína e inhibe la velocidad de degradación de proteína, por lo tanto favorece la hipertrofia de la miofibrilla.

La hormona de crecimiento (GH) y los factores de crecimiento tipo insulina 1 y 2 (IGF1 y IGF2) y su relación con los receptores transmembrana (GHR, IGF1R y IGF2R) juegan un papel importante en la fisiología del crecimiento de los mamíferos. Curi et al. (2005) Investigaron las frecuencias del alelo y del fenotipo de los marcadores micro satelitales localizados en la región 5'-reguladora región de los genes de IGF1 y GHR en ganado vacuno de diferentes grupos genéticos y determinaron el efecto de estos marcadores en el crecimiento y en las características de la canal de animales de varias razas europeas bajo sistema intensivo de producción. Ellos observaron que al sustituir en el micro satélite GHR un alelo L por un alelo S tuvo un efecto significativo en ganancia de peso y peso corporal. Las sustituciones de 229 por 225 en alelos del micro satélite IGF1 en razas Nellore y Angus no fueron significativas en ninguna de las características estudiadas.

Davis y Simmen (2000) realizaron estimaciones de heredabilidad directa de IGF-1 a los 28, 42 y 56 días post destete. Encontraron que el marmoleo fue el de menor heredabilidad y el área del ojo de la costilla el de mayor. La concentración de IGF-1 en suero podría ser un criterio de selección útil cuando se busca mejora en el marmoleo y en los grados de calidad del ganado bovino. En otro estudio Davis et al. (2003) reportaron que no hay una asociación fuerte de la concentración de IGF-I en el suero con el espesor de grasa dorsal y el área del ojo de la costilla de la musculatura de toros y vaquillas durante el período de engorda post-destete.

Chester-Jones y Velleman (2008) demostraron que la composición de la dieta afecta la ingesta de las concentraciones plasmáticas de IGF-I en bovinos. En este ganado CP puede ser la principal determinante en la nutrición basal de IGF-I. La desnutrición puede atenuar la respuesta de IGF-I GH y desvincular la regulación de IGF-I que se le asigna normalmente a GH.

Ge et al. (2003) identificaron polimorfismos en el promotor y en la región codificadora de la hormona de crecimiento bovina y en los genes del receptor de la hormona de crecimiento y estudiaron la asociación de los polimorfismos identificados en esos genes con características de crecimiento y la concentración de IGF-I. Ellos reportaron que el polimorfismo de un nucleótido sencillo en la región promotora del receptor de la hormona de crecimiento está asociado con la concentración de IGF-1 en el suero a los 42 días post destete y con la concentración promedio de IGF-2 en ganado Angus. Estos autores concluyeron que los efectos asociados a los marcadores deben ser verificados en otras poblaciones.

Doble musculatura y miostatina.

Durante los últimos diez años ha habido un gran progreso en técnicas moleculares que han permitido el descubrimiento de nuevos factores de crecimiento y la identificación de mecanismos moleculares involucrados en la regulación del desarrollo muscular. Uno de estos factores es la miostatina, un miembro de la súper familia de proteínas beta TGF (factores transformadores del crecimiento); también se le conoce como el factor-8 de crecimiento/diferenciación.

La miostatina tiene un papel fundamental en la regulación del crecimiento del músculo esquelético durante la embriogénesis. Al bloquear el ciclo de transducción de señalización de la miostatina por la expresión transgénica de su propéptido (la región 5', 866 nucleótidos) con inhibidores específicos y manipulaciones genéticas se ha observado un incremento dramático en la masa muscular esquelética (Yang et al. 2001).

En experimentos con ratones que fueron marcados con una disrupción en el gen de la miostatina éstos mostraron un incremento significativo en la masa muscular hasta tres veces mayor que el tamaño normal. Adicionalmente, una mutación de miostatina ha sido relacionada con razas bovinas de doble musculatura. Por lo tanto se piensa que la miostatina es un inhibidor que controla específicamente el crecimiento de tejidos individuales y órganos (Kocamins y Killefer, 2002).

Cuando los mioblastos C2C12 se incubaron con miostatina, la proliferación de mioblastos disminuyó y aumentaron los niveles de miostatina. La miostatina previene la progresión de mioblastos de la fase G1 a la fase-S del ciclo celular (Thomas et al. 2000). Estos autores encontraron que la miostatina regula la p21 (Waf1, Cip1), un inhibidor de la cinasa dependiente de la ciclina (CKI) y disminuye los niveles de la proteína Cdk2 en los mioblastos. Cuando los mioblastos son tratados con la proteína miostatina RB está presente en la forma hipofosforilada, lo cual sugiere que en respuesta a la señalización de miostatina hay un aumento en la expresión de p21 y una disminución de la proteína Cdk2 lo cual resulta en una acumulación de la proteína Rb hipofosforilada. Esto a su vez conduce a un arresto de mioblastos en la fase G1 del ciclo celular. Estos autores propusieron que el fenómeno de la hiperplasia que se observa en los animales que carecen de miostatina funcional podría ser el resultado de una proliferación de mioblastos desregulados.

Yang y Zhao (2006) demostraron que cuando se presenta una disrupción de la función de la miostatina por su propéptido la utilización de la grasa dietaria se redirigió hacia el tejido muscular con efectos mínimos en la adiposidad. Estos resultados sugieren que al promover el crecimiento muscular por el propéptido miostatina o por otros medios durante el desarrollo temprano podría servir como un medio efectivo para prevenir la obesidad.

Para identificar los posibles inhibidores de la miostatina que podrían tener aplicaciones para promover el crecimiento muscular, Lee y McPherron (2001) investigaron la regulación de la señalización de la miostatina y encontraron que el propéptido folistatina, y otras moléculas que bloquean la señalización a través de este ciclo podrían ser agentes útiles para promover el crecimiento muscular tanto para aplicaciones terapéuticas en el humano como para aplicaciones en la agricultura. Ellos presentaron evidencia de que la miostatina como el TGF-β, puede existir normalmente in vivo en un complejo latente con el propéptido (la porción de la proteína precursora corriente arriba del sitio del procesamiento proteolítico) y que cuando está activada la miostatina puede señalizar a los receptores tipo II de la activina.

Durante la embriogénesis la miostatina es expresada por las células del miotomo y en el músculo esquelético en desarrollo, y actúa en la regulación del número final de fibras musculares que son formadas (Lee, 2004). Durante la vida adulta la proteína miostatina es producida por el músculo esquelético, circula por la sangre y actúan como un limitante del crecimiento de la fibra muscular. El músculo esquelético parece ser el primer ejemplo de un tejido cuyo tamaño es controlado por este tipo de mecanismo regulatorio, y la miostatina parece ser el primer ejemplo de la tan buscada chalona (o calona) substancias inhibidoras de la proliferación) (Lee, 2004).

Matsakas y Diel (2005) sugieren que las manipulaciones de la señalización de miostatina pueden ser útiles en aplicaciones en la agricultura, tratamiento de enfermedades musculares, inhibición de atrofia muscular, y en terapias anti envejecimiento o manipulación del radio músculo: grasa.

Sundaresa et al. (2008) investigaron la expresión de perfiles del mRNA de la miostatina en el hígado de pollo, corazón, cerebro e intestino durante la morfogénesis. Y observaron que la expresión de la mRNA de la miostatina fue significativamente regulada en el hígado durante E15–E18. Ellos indican que el gen de la miostatina de pollo está muy relacionado con el de los mamíferos y el de los peces. Proponen que el gen de la miostatina de pollo podría haber cambiado en su función entre los teleósteos y los mamíferos. Es posible que su función solo pueda ser totalmente diferenciada solo para servir con un control de la masa muscular en los mamíferos.

Los pollos no tienen grasa oscura, el órgano de la termorregulación por lo que la temperatura se mantienen por medio de temblores musculares y por otros mecanismos de termogénesis. Ellos resisten el frío hasta que sus músculos maduran. Recientemente Ijiri et al. (2009) Reportaron que las fibras musculares de pollos tolerantes al frío se transformaron al tipo de contracción lenta con el incremento en la expresión del gen del coactivador-1α del receptor-γ de la peroxisoma activada por el proliferador (PGC-1α), y que la masa aumentó con la disminución de la expresión del gen de la miostatina en los músculos de la pierna de pollitos de 7 días de edad y más jóvenes cuando fueron expuestos al frío por 24 horas.

Estos autores demostraron que la expresión de la miostatina es deprimida y la masa muscular es aumentada solamente en los músculos de la pierna del pollo que contienen fibras de contracción lenta y fibras de contracción rápida. Estos resultados sugieren que se requiere la regulación aguda de PGC-1αa y de la expresión del gen de la miostatina en músculos de la pierna para que los pollos adquieran tolerancia al frío hasta los 7 días de edad.

Xianyong et al. (2005) encontraron que los ratones vacunados con miostatina recombinante expresada fueron más pesados que los controles al igual que su progenie, especialmente al día 3. El peso promedio del ratón inmunizado fue 10.5% más alto que el de los controles y fue significativo ($p < 0.05$).

La doble musculatura o hipertrofia muscular ha sido reconocida y seleccionada por los criadores desde hace mucho tiempo. En algunos países los productores han seleccionado a favor de fenotipos extremos, como es el caso de los criadores de la raza Belgian Blue, mientras que en otros se han buscado fenotipos intermedios.

Dada su importancia productiva, esta característica ha sido estudiada por numerosos investigadores de diferentes países durante los últimos 50 años.

Los animales de doble musculatura se caracterizan por un incremento en la masa muscular de aproximadamente un 20% debido a una hiperplasia del músculo esquelético, que es un aumento en el número de fibras musculares en vez de en el diámetro de las fibras individuales. El mecanismo preciso por el cual se presenta esta alteración no es bien conocido. Se han propuesto modelos monogénicos (dominantes y recesivos), oligogénicos y pologénicos. Grobet et al. (1997) realizaron un análisis de segregación en cruzas experimentales de bovinos y sugirieron una heredabilidad recesiva autosomal. Esto se confirmó cuando el locus de la hipertrofia muscular fue mapeado 3.1 cM del micro satélite TGLA44 en la terminal centromérica del cromosoma 2 de bovino. Ellos demostraron que la mutación en la MSTN de bovino que codifica la miostatina es la responsable del fenotipo de la doble musculatura. Una eliminación 11–bp en la secuencia para el dominio del carboxi-terminal bioactivo de la proteína causa la hipertrofia observada en el ganado Belgian Blue.

Kocamis y Killefer (2002) sugirieron que la miostatina es uno de los buscados inhibidores que controlan específicamente el crecimiento de los tejidos individuales u órganos.

Una hipertrofia muscular (mh) distintiva y visible de las razas vacunas Belgian Blue y Piedmontese ocurre con muy alta frecuencia. El locus recesivo autosomal (mh) causa una condición de doble musculatura en el mapeo de este ganado en el cromosoma 2 en el mismo intervalo que la miostatina (Kambadur et al. 1997).

Debido a que la disrupción objetiva de la miostatina en ratones resulta en un fenotipo muscular muy parecido al del ganado de doble musculatura, es común usar este gen como un candidato para la condición de doble musculatura al clonar cDNA de la miostatina bovina y examinando el patrón de expresión y la secuencia del gen en ganado de músculo normal y de doble musculatura.

Kambadur et al. (1997) reportaron la secuencia de la miostatina bovina y la evaluaron como un gen candidato a través de análisis de secuencia y de expresión. A pesar de que la expresión de la miostatina no parece degradada en el Belgian Blue, el análisis de la mutación revela una mutación de eliminación de 11-bp en la región de codificación del gen de la miostatina en el ganado Belgian Blue que podría ser predicha para eliminar la actividad de la proteína, debido a que la porción truncada encripta la secuencia peptídica a través de funciones esenciales mediada (McPherron et al. 1997). Adicionalmente, una mutación de transición encontrada en animales de la raza Piedmontese afecta la cisteína conservada en el exón 3 de la miostatina, esto también parece afectar la función de la miostatina.

McPherron y Lee (1997) observaron que la secuencia de la miostatina (GDF-8) del Belgian Blue carece de 11 nucleótidos en el tercer exón lo cual elimina toda la región activa madura de la proteína. La secuencia de la miostatina del Piedmontese contiene una mutación en el exón 3 lo cual resulta en una substitución de tirosina por una cisteína invariante en la región madura de la proteína. La similaridad en fenotipos de ganado de doble musculatura y los ratones sin miostatina sugiere que la miostatina lleva a cabo la misma función biológica en estas dos especies y es un objetivo muy útil para la manipulación genética en otros animales de granja.

La miostatina se expresa temprano en la gestación y se mantiene hasta la vida adulta en ciertos músculos. La expresión de la miostatina en el músculo bovino es muy alta durante la gestación cuando las fibras musculares se están formando y algunos factores que son reguladores miogénicos incrementan la expresión al mismo tiempo que la miostatina. La expresión molecular del eje IGF no difiere entre Belgian Blue y el ganado de músculo normal, y el mRNA del IGF-II es aumentado a través de la formación de fibras secundarias en ambas razas (Bass et al. 1999). Sin embargo, la expresión de miostatina y de MyoD en el músculo difiere entre razas de músculos normales y músculos hipertrofiados. Esta evidencia sugiere que la falta de miostatina aumenta el potencial de masa muscular en el ganado de doble musculatura.

El IGF y la miostatina (MSTN) son reguladores parácrinos del crecimiento muscular. Guernec et al. (2003) realizaron un estudio para relacionar la expresión del IGF y MSTN con el desarrollo de la fibra muscular en pollos seleccionados por un alto rendimiento de carne de pechuga. Ellos encontraron que el crecimiento del músculo Pectoralis major (PM) fue lento durante el desarrollo ovo y rápido en el período post incubación. Los pollos del genotipo seleccionado exhibieron un rendimiento de músculo de pechuga mayor de 2 a 6 semanas de edad e hipertrofia de la fibra muscular. En el PM los niveles de IGF-I y MSTM disminuyeron marcadamente en la incubación, mientras que el radio IGF-I/MSTN disminuyó, sugiriendo que eso podría contribuir al crecimiento explosivo observado en el período post-incubación temprano. Ellos concluyen que los niveles relativos de IGF-I y de mRNA de MSTN podrían participar en el establecimiento de la velocidad de crecimiento a lo largo del desarrollo, mientras que otros factores son requeridos para explicar las diferencias entre genotipos.

Marchitelli et al. (2003) reportaron una mutación nueva del gen de la miostatina en la raza Marchigiana, una raza típica de Italia Central, que presenta raramente individuos de doble musculatura.

Ellos observaron una variante en la transversión C > T que introduce un codón de finalización prematuro. La variante encontrada se agrega a la serie larga de mutaciones presente en ganado, y particularmente a una de las únicas dos que causan doble musculatura en el tercer exón. Estos autores describieron una prueba rápida para la identificación efectiva de los sujetos homocigotos y heterocigotos. Esto se aplicó a otro estudio con la misma raza y con otras dos razas, Chianina y Romagnola. Más individuos acarreadores de la nueva variante fueron encontrados en Marchigiana, pero no en las otras razas. Estos resultados pueden ser importantes para una mejor comprensión del rol de la miostatina en el desarrollo muscular, así como para uso comercial y para la inferencia de la filogenia de este gen.

La presencia de miostatina en músculo esquelético en varias enfermedades musculares y modelos de enfermedades sugiere que ésta agravó la patología primaria. La inhibición de la actividad de la miostatina en el ratón mdx, el modelo animal de la distrofia muscular de Duchenne resultó en una mayor producción de fuerza y mejor arquitectura muscular que implicó a la miostatina como el objetivo de nuevas estrategias terapéuticas.

Patel y Amthor (2005) reportaron los fenotipos de modelos animales en los cuales la función de la miostatina fue alterada. Ellos enfatizaron las particularidades del ciclo de señalización de la miostatina y describieron las estrategias musculares que se han desarrollado para inhibir la función de la miostatina en el músculo. Estos autores hicieron

una revisión de las enfermedades musculares y discutieron el bloqueo de la miostatina como una terapia potencial en las distrofias musculares.

Zhao et al. (2004) no observaron asociaciones positivas entre los polimorfismos en el gen Pit-1 con el crecimiento y las características de calidad de la carne en ganado Angus.

La mutación callipyge en borregos resulta de una hipertrofia del músculo esquelético postnatal en extremidades posteriores y lomo con poco efecto en los músculos esqueléticos anteriores. Vuocolo et al. (2007) han estudiado esta hipertrofia y reportan que asociado al fenotipo existen cambios en la expresión de un número de genes laterales al sitio de la mutación, los cuales radican en una región intergénica en el final telomérico del cromosoma 18 del ovino. Sin embargo aún no se conoce cómo estos cambios locales en la expresión del gen son traducidos a hipertrofia muscular. Estos autores observaron que el fenotipo solo se expresó en la etapa tardía del desarrollo y fue asociado con una disminución de las fibras tipo -1 (lentas oxidativas) y con una inclinación hacia las fibras tipo IIx y IIb (rápidas glucolíticas). Ellos propusieron un modelo para describir una red central de genes junto con modificaciones epigenéticas de histonas que sustenten los cambios en el tipo de fibra y las características de la hipertrofia muscular del borrego callipyge.

Li et al. (2003) observaron que el polimorfismo TGF-beta3 entre pollos y Leghorns estuvo asociado con características de crecimiento y composición corporal, como peso corporal, ganancia diaria promedio, peso de pechuga, porcentaje de grasa y peso de algunos órganos. Ellos demostraron el efecto amplio de los genes TGF-beta en el crecimiento y desarrollo de aves.

La miostatina ha sido identificada también en los peces. Xu et al. en el 2003 estudiaron el aislamiento y la caracterización del gen genómico de la miostatina de pescado cebra. El predominio de la miostatina podría actuar como un negativo dominante e inhibir la función de la miostatina en los músculos esqueléticos. El pez cebra transgénico que expresó el predominio de la miostatina no exhibió cambios en la expresión del gen miogénico ni en la diferenciación de las células musculares rápidas y lentas en estado embriónico. Pero exhibió un incremento marcado en número de miofibrillas sin diferencia en su tamaño. Esta información demuestra que la miostatina juega un papel importante en el crecimiento hiperplástico de músculo en el pez cebra.

Gregory et al. (2004) reportaron la secuencia, la expresión de tejido y la información de la posición del mapa para la miogenina (MYOD1), la miostatina, y la folistatina en tres especies de bagre ictalúrido: bagre de canal (Ictalurus punctatus), bagre azul (I. furcatus) y bagre blanco (Ameiurus catus). Estos genes están involucrados en el crecimiento muscular y en el desarrollo de los mamíferos y juegan un papel similar en el bagre. Las secuencias de aminoácidos están altamente conservadas entre las tres especies (>95% igualdad), moderadamente conservadas entre bagre y pez cebra (aprox. 80% de igualdad), y menos conservada entre magra y humanos (aprox 40 a 60% de identidad) para todos los genes. La estructura del gene está conservada entre bagre y otras especies para todos los genes. La expresión de miogenina y de MYOD1 está limitada al músculo esquelético en el bagre de canal, similar al patrón de expresión de estos genes en otras especies de mamíferos. La miostatina se expresó en una variedad de tejidos del bagre de canal contrastando con los mamíferos donde se expresa primordialmente en el músculo esquelético. Todos los genes contienen repeticiones de micro satélites polimórficos en regiones que no codifican. Esta información es útil para realizar más estudios que determinen el papel de estos genes en el crecimiento muscular y el desarrollo en el bagre.

Martin y Johnston (2005) demostraron que la miostatina y la señalización de calcineurina no juegan un papel importante en la regulación de la hipertrofia muscular inducida por el ejercicio en trucha arcoiris Oncorhynchus mykiss Walbaum.

Conclusiones.

La bioquímica del músculo y las características musculares inherentemente asociadas con la calidad de la carne deben seguir siendo ser cuidadosamente estudiadas para tomar determinaciones sobre la selección del ganado para carne. La selección por el potencial de crecimiento muscular está asociada con las características de los músculos rápidos y glucolíticos y con los oxidativo y lentos pero se necesitan más estudios para entender la importancia fisiológica de los genes cuya expresión es regulada por la selección. De la misma manera continua siendo importante considerar en las pruebas de selección las propiedades funcionales de músculo.

Finalmente, la señalización de miostatina continuará siendo tema de estudio por sus aplicaciones en la agricultura, tratamiento de enfermedades musculares (como la distrofia), inhibición de atrofia muscular, y en terapias anti envejecimiento o manipulación del radio músculo: grasa.

CAPÍTULO V

CRECIMIENTO DE TEJIDO ADIPOSO

Introducción

El tejido adiposo junto con el tejido muscular previamente descrito en su crecimiento y evolución en el capítulo cuatro, es uno de los dos tejidos animales que el hombre más consume, y aunque en los últimos años ha existido la tendencia a consumir carne más magra es decir con menos tejido adiposo y se ha realizado un gran esfuerzo en la manipulación de los sistemas producción, para lograr que los animales depositen más músculo y menos grasa ; el nivel del tejido adiposo en los animales sigue siendo muy importante en los sistemas de valuación, clasificación y percepción de la calidad de la carne por los consumidores. Este tejido en general se deposita al final del crecimiento del animal, excepto por el tejido adiposo considerado de protección de los órganos vitales, pero desde el punto de vista de la producción animal y por el valor comercial agregado que el hombre da a los cortes o piezas de carne con base en su contenido de tejido adiposo, los tres depósitos adiposos más importantes son, el subcutáneo, el intermuscular y el intramuscular.

Estructura y diferenciación del tejido adiposo

A la formación de tejido adiposo que se produce a partir de células endoteliales o fibroblastos que se transforman en adipoblastos, luego en preadipocitos y finalmente en adipocitos (los cuales se derivan por medio del mecanismo del receptor activado de peroxisoma proliferador

(PPARγ), a este proceso se le denomina adipogénesis (Figura 5.1.), la cual puede ser inducida por las hormonas glucocorticoides e insulina, y los factores de crecimiento tipo Insulínico (IGF–I). La insulina estimula la diferenciación de de preadipocitos y existe un efecto sinérgico de la insulina y los glucocorticoides en la diferenciación Ramsey y colaboradores, 1989. El IGF-I estimula la proliferación como la diferenciación de adipocitos y también los preadipocitos liberan IGF –I y proteínas de ligado de IGF (IGF – BP), Chen et al. (1996).

Así, la adipogénesis comienza durante el desarrollo fetal y continúa durante el crecimiento posnatal, durante la formación de este tejido existe un desarrollo vascular extenso del estroma del tejido conectivo que forma una complicada red de vasos capilares, los cuales tienen como finalidad transportar los ácidos grasos suspendidos en la sangre a través del flujo de la misma hacia los adipocitos, y finalmente en los adipocitos se almacena energía que él animal puede utilizar cuando esto es necesario.

Figura 5.1. Desarrollo de los adipocitos

Adipoblastos   Preadipocitos   Adipocitos maduros

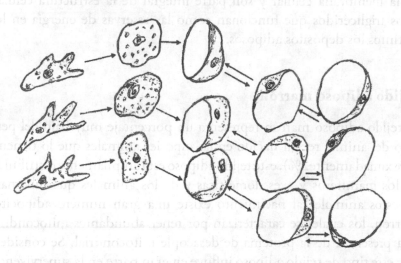

En el crecimiento y desarrollo del tejido adiposo hay un incremento constante en el número de adipocitos (hiperplasia), así como en el tamaño de los mismos por la acumulación de triglicéridos (hipertrofia). Los lípidos en forma de pequeñas gotas se funden entre si dentro de los adipocitos, y si estos están organizados en lóbulos, al tejido formado se le denomina tejido adiposo. El crecimiento del tejido adiposo en los animales domésticos ocurre al principio principalmente por hiperplasia; enseguida por la hipertrofia la cual se va convirtiendo en el proceso de acumulación de lípidos más importante a medida que el animal madura.

Estructura del tejido adiposo.

En los animales domésticos rumiantes y los porcinos, el sitio principal de la síntesis de ácidos grasos son los adipocitos, pero en las aves las síntesis de ácidos grasos se lleva a cabo prácticamente solo en el hígado.

Existen en el animal dos formas de tejido adiposo, uno termo génico (marrón) con un camino metabólico localizado en la membrana mitocondrial que es regulado por una proteína específica conocida como proteína de desacople, la cual utiliza los ácidos grasos para la producción de calor y otro de almacenamiento de energía (blanco), que está formado por dos tipos de lípidos, los fosfolípidos que se encuentran en la membrana celular y son parte integral de la estructura celular, y los triglicéridos que funcionan como las reservas de energía en los distintos los depósitos adiposos.

Tejido adiposo marrón.

El tejido adiposo marrón representa un porcentaje muy bajo del peso vivo del animal recién nacido en las especies animales que lo tienen (aproximadamente2%), este tejido adiposo está ampliamente distribuido en los mamíferos y aves domésticas y de los animales que hibernan, en estos animales al nacimiento existe una gran número adipocitos marrón, los cuales se caracterizan por tener abundantes mitocondrias y la presencia de la proteína de desacople mitocondrial. Se considera que este tipo de tejido adiposo influye en gran parte en la supervivencia de los animales recién nacidos, por la capacidad que tiene de producir calor (termogénesis) y mantener la homeostasis de la temperatura corporal del animal.

El tejido adiposo marrón, presenta una extensa red vascular, la cual le da el color característico a este tejido, su estructura morfológica se compone de pequeñas células poligonales , con diámetros entre 25 – 40 μm, de reducido volumen entre de 8 – 32 pLm, las células contienen una buena proporción de citoplasma y además presentan varios núcleos. Los triglicéridos que contienen estos adipocitos, se encuentran en forma pequeñas gotas de lípidos individuales; fisiológicamente el proceso de lipólisis que libera ácidos grasos los que son oxidados en el sitio (in situ), lo cual produce en forma local la termogénesis de no estremecimiento o liberación de energía en forma de calor; de nueva cuenta es necesario enfatizar que esta función metabólica del tejido adiposo marrón, es de vital importancia para mantener la temperatura del cuerpo del recién o de los animales que hibernan.

El crecimiento y desarrollo del tejido adiposo marrón está bajo control hormonal y su capacidad para la termogénesis de no estremecimiento depende de la concentración de la proteína de desacople, la cual es dependiente del nivel de la insulina la que de esta forma regula la capacidad del tejido adiposo marrón para generar calor. Por otra parte, las hormonas tiroideas influyen en la deposición de lípidos en el tejido adiposo marrón y la Norepinefrina en el incremento de la temperatura y tasa metabólica del tejido adiposo marrón.

En los animales domésticos rumiantes el tejido adiposo marrón desparece o se convierte en tejido adiposo blanco durante la vida posnatal, y pierde su capacidad de termo génica o de generación de calor, por lo que a los adipocitos marrones se les puede consideran también precursores celulares para el desarrollo del tejido adiposos blanco (Alexander 1975); así en algunos animales el tejido adiposo marrón gradualmente desaparece con la edad , mientras que en otros persiste toda la vida como en los animales que hibernan.

Una especie animal que hay que considera aparte es la porcina, cuyos animales al nacimiento presentan adipocitos marrón pero una escasa o ausente proteína mitocondrial por lo cual el tejido adiposo marrón de los animales de esta especie se puede considerar que no es funcional , ya que no produce termogénesis .

Tejido adiposo blanco.

Como ya se mencionó arriba el tejido adiposo blanco funciona como almacén de energía, este tejido se caracteriza por tener células esféricas grandes de 100 hasta 250 µm, con muy poco citoplasma que se observa como un anillo periférico, presenta núcleos aplanados periféricos, Los lípidos del tejido adiposo blanco totalmente desarrollado consisten principalmente de triglicéridos, los forman un 98 – 99 % del adipocito, y se agrupan en una vacuola grande, la red vascular es menos extensa que la del tejido adiposos marrón, sus ácidos grasos son movilizados y transportados vía plasma al hígado y tejidos periféricos para su oxidación, el tejido adiposo blanco es el más abundante en los animales y se deposita en diversos puntos del cuerpo (vísceras, órganos, músculos y debajo de la piel). Este tipo de tejido adiposo blanco, al igual que el marrón crece por hiperplasia (aumento en el número de adipocitos), como por hipertrofia (aumento del tamaño del adipocito). Sin embargo, es difícil conocer cuando la hiperplasia se detiene en las diversas especies de animales domésticos, esto porque la mayoría de la investigación se ha centrado en la hipertrofia de los adipocitos esto porque su capacidad para almacenar lípidos es muy grande; entonces la hipertrofia de facto es la responsable por el crecimiento posnatal del tejido adiposo por expansión de adipocitos vacíos que pueden alcanzar un gran tamaño y a la vez estimulan la adipogénesis para llenar nuevos adipocitos vacios.

Lo que sí está claro es que cuando el animal recibe en la dieta más energía de la que necesita para el mantenimiento fisiológico y el crecimiento del tejido muscular, óseo y órganos, el exceso de energía será depositado como lípidos en el tejido adiposo blanco; al contrario si el consumo de energía por el animal es menor a los requerimientos de mantenimiento y crecimiento, se moviliza energía de los depósitos adiposos

Generalmente, en los animales domésticos se consideran cuatro depósitos adiposos, tres que tienen un gran impacto en la producción animal en la percepción de calidad total de la carne que producen los animales seleccionados como productores de carne; grasa subcutánea (depositada inmediatamente debajo de la piel) , grasa intermuscular (depositada entre los músculos), grasa intramuscular (depositada entre las fibras musculares del músculo) y grasas renal, pélvica, corazón y omental (acumulación de grasa asociada a los riñones cavidad pelviana, corazón y vísceras abdominales, considerada de protección). De los depósitos de tejido adiposo con impacto comercial, la grasa intermuscular es de crecimiento rápido y se deposita muy temprano en la vida postnatal, seguida por la grasa subcutánea y finalmente por la grasa intramuscular (Figura 8. Cap. II).

Es difícil conocer la edad a la cual la hiperplasia cesa en las distintas especies de animales domésticos y la edad a la cual la hipertrofia es la sola responsable de los incrementos en la masa de tejido adiposo, pero en porcinos se considera que la hiperplasia es la forma preponderante de depositar lípidos hasta los dos meses de edad, y que la hipertrofia es prácticamente la única forma en que los porcinos depositan lípidos después de 5 meses de edad. Sin embargo, Scanes, (2003), estipula que el incremento en el número de adipocitos durante crecimiento del tejido adiposo en cerdos es de un 97 % cuando el animal tiene 1 a 2 meses de edad; 41% cuando su edad es de 2 a 4 meses y 35% a la edad de 5 a 6.5 meses y en pollos parrilleros el crecimiento del tejido adiposo reflejó la acumulación de lípidos en los adipocitos(hipertrofia), acumulación que comprende el 63% del crecimiento entre las 7 a 9 semanas y 12 a 16 semanas de edad y 91% entre las 12 a 16 y 21 a 22 semanas de edad las aves.

En bovinos la hiperplasia se termina a los 15 meses de edad, y la hipertrofia para este momento es la más importante en la deposición de lípidos dentro del tejido adiposo blanco y el aumento del tamaño de los adipocitos produce aproximadamente el 85% del crecimiento entre el 15 y 25 % del peso a la madurez, el 93% cuando el animal alcanza un peso de entre 35 y 45 % y arriba del 95% cuando el animal a tenido un crecimiento entre el 55 y 65 del peso vivo a la madurez. Robelin, (1981))

En la oveja la hiperplasia se mantiene activa hasta que el animal alcanza 12 meses de edad, pero en el crecimiento posnatal, pero la hiperplasia cada vez tiene un papel más pequeño a medida que el animal envejece y la hipertrofia es prácticamente la responsable del total del crecimiento del tejido adiposo blanco (Thompson y Butterfield, 1988).

Metabolismo de los lípidos en el tejido adiposo.

Los lípidos son consumidos en la dieta por el animal y sintetizados de nuevo (novo) con el propósito de contribuir a la estructura del tejido adiposo blanco y proporcionar energía a las células de los distintos tejidos cuando estos la necesitan (Figura 5.2) Los ácidos grasos libres son los lípidos más abundantes y la mayor parte de los presentes en las membranas celulares y los tejidos adiposos tienen un rango en longitud de 12 a 20 carbonos, aunque algunas especies animales tienen ácidos grasos de menos carbonos que le dan un sabor característico al tejido adiposo de las mismas. Los ácidos grasos que componen el tejido adiposo blanco, también pueden presentar diferentes grados de saturación, ligados de nueva cuenta principalmente a la especie animal.

En general, los ácidos grasos libres se ligan a proteínas (lipoproteínas para su transporte al adipocito y posterior almacenamiento; como ya se mencionó existen dos clases de lípidos, los fosfolípidos presentes en la membrana celular y los triglicéridos de los adipocitos, pero en ambos casos los ácidos grasos por medio de su esterificación están ligados a un glicerol. El tejido adiposo predominantemente crece por la acreción de triglicéridos.

Acreción de triglicéridos = Síntesis de triglicéridos - Desdoblamiento de triglicéridos

El proceso por el cual los ácidos grasos son esterificados al glicerol para producir los fosfolípidos y triglicéridos, se denomina biosíntesis de glicerolípidos, proceso que es precedido por numerosos procesos metabólicos para proveer los sustratos glicerol- 3- fosfato (producto del metabolismo de la glucosa o glucolisis) y el acilo – CoA del ácido graso. Por lo tanto, se requiere glucosa para apoyar la síntesis de lípidos a partir de acetato o lactato y al contrario la biosíntesis de ácidos grasos a partir de acetato o lactato previene la incorporación del carbón de la glucosa a los ácidos grasos. El glicerol -3- fosfato se deriva de la glucosa, y cuando los ácidos grasos son transportados hacia la célula, la glucosa presente en la misma, son sintetizados de nuevo (novo) y convertidos a tioésteres de la coenzima A.

La biosíntesis de los glicerolípidos en los adipocitos produce el almacenamiento de ácidos grasos, los cuales se movilizan cuando la dieta no provee una cantidad suficiente de energía o se estimula la lipólisis por las hormonas. La biosíntesis de ácidos grasos ocurre principalmente a partir de acetatos en el tejido adiposo de los rumiantes y a partir de glucosa en el tejido adiposo de los cerdos. En cualquier especie, los carbonos del acetato o la glucosa entran en la biosíntesis de los ácidos grasos vía la producción de malonilo – Co A, a través de la reacción carboxilasa de la acetilo _ CoA y luego la producción de palmitato a través de la síntesis de ácidos grasos. Después de que el palmitato es sintetizado se produce estearato por la elongación simple de dos carbonos y luego genera oleato por la desaturación de estearato en el átomo de carbón numero 9. No existe más elongación y desaturación hacia el final metilo del ácido graso (no es posible) en los vertebrados porque las enzimas necesarias no están presentes Scanes (2003).

En rumiantes la tasa de síntesis de triglicéridos depende en la disponibilidad de los ácidos grasos y el glicerol – 3- fosfato y la disponibilidad de ácidos grasos depende de la síntesis de nuevo (novo) en tejido el adiposo (Vernon 1980). Entonces, la biosíntesis de glicerolípidos en el tejido adiposo de los animales se debe la disponibilidad del sustrato, para que se ésta se realice (Rule, 1995).

Hormonas y el metabolismo de los lípidos.

La hormonas tienen un papel importante en el control de la tasa de lipogénesis, lipólisis y síntesis de triglicéridos de los adipocitos, Las principales hormonas que afectan la lipogénesis son la insulina (estimuladora) y la epinefrina y norepinefrina (actuando vía los receptores β adrenérgicos) y la GH (inhibidora).

La insulina reduce la lipólisis en la presencia de agonistas β adrenérgicos y por si sola aumenta la tasa de lipogénesis (Peterla y Scanes , 1990), la exposición crónica de los adipocitos a la GH suprime la respuesta lipogénica a la insulina (Walton et al. 1987) y la adenosina mejora los efectos de la insulina en el transporte de glucosa utilizando la 2 – deoxiglucosa y la 3 – 0- metil glucosa, el efecto de la adenosina en la acción de la insulina se lleva a cabo a distancia de la liga de la insulina pero antes o al momento de la activación del receptor quinasa de la insulina.

En el tejido adiposo, los efectos de la adenosina son numerosos, van desde la mejora de la absorción de glucosa y la inhibición de la lipólisis a la promoción del flujo sanguíneo y la liberación de neurotransmisores inhibidores.

La adenosina extracelular en el tejido adiposo puede potencialmente originarse como: adenosina transportada fuera de los adipocitos y nucleótidos de adenina transportados fuera de los adipocitos y subsecuentemente degradados a adenosina por las ectonucleosidasas presentes en la superficie externa de los adipocitos lo que conduce a la conversión del ATP, ADP Y AMP a adenosina.

Figura 5.2. Metabolismo de lípidos en aves

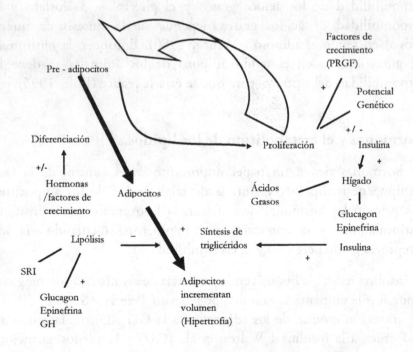

Una vez que la adenosina es tomada por los adipocitos es fosforilada a AMP por la adenosina quinasa o deaminada a inosina por la adenosina deaminasa la producción de adenosina es sensible al cambio de energía en la dieta. El receptor A1 de la adenosina en tejido adiposo localizado en la parte externe de la membrana plasmática inhibe la lipólisis, porque la adenosina mimetiza a la insulina en que mejora la deposición de glucosa, reduce la lipólisis y aumenta la lipasa lipoproteínica, estas hormonas inhiben la lipólisis activando receptores en la superficie de los adipocitos que promueven la desactivación de la lipasa hormona sensible (Corey, 1995).

Las principales hormonas lipolíticas son la epinefrina y la norepinefrina que actúan vía los receptores β adrenérgicos, adenil ciclasa G, AMP cíclico y la proteína quinasa A (Mills y Liu, 1990). La movilización de lípidos del tejido adiposo ocurre cuando las lipasas que son sensibles a las hormonas y están presentes en los adipocitos catalizan la hidrólisis de los triglicéridos hacia glicerol y ácidos grasos. Además, la adrenalina, el glucagon y la hormona de crecimiento pueden estimular la lipólisis. Estas hormonas estimulan la salida de los lípidos por medio de la activación de la lipasa hormona sensible y los ácidos grasos libres liberados por el tejido adiposo son enviados para su oxidación a otros tejidos y órganos.

Composición de los ácidos grasos en el tejido adiposo.

La cantidad de grasa corporal depende de la disponibilidad de ácidos grasos y la tasa de glicolisis. En los músculos y tejido adiposo los ácidos grasos son esterificados principalmente a glicerolípidos y fosfolípidos o triglicéridos. En cerdo el tejido adiposo omental, fue 97% de triglicéridos y el restante fue principalmente fosfolípidos (McCluer et al. 1989). El tejido adiposo de bovinos contiene 87% lípidos neutrales y el de ovinos contiene 94% (Christie, 1981). La proporción de los lípidos totales como esteres de ácidos grasos libres y colesterol en músculo y tejido adiposo es menor al 3 por ciento. Rule et al. (1995).

Los ácidos grasos que componen los triglicéridos y por lo tanto los lípidos son de inmensa importancia para determinar las características físicas del tejido adiposo (Tabla 5.1.)

En dietas bajas en grasa, la mayor diferencia entre cerdos, bovinos y ovejas es la proporción del ácido linoleico (18:2) en el tejido adiposo, porque el este se deriva de la dieta, además los cerdos depositan con facilidad los ácidos grasos no saturados presentes en la dieta, en cambio los bovinos y ovejas hidrogenan en el rumen los ácidos grasos no saturados. Las comparaciones de los depósitos de tejido adiposo de cerdos y bovinos muestran que los depósitos de tejido adiposo subcutáneo e intramusculares tienen una proporción similar de los ácidos grasos mayores.

El ácido palmítico (16:0) generalmente compone entre el 16 y 28 % de los ácidos grasos del tejido adiposo en las distintas especies animales por la acumulación del palmitoleato producto de la síntesis de nuevo de ácidos grasos, el otro ácido saturado el esteárico (18:0) comprende del 10 a 16 %, lo que se explica por la elongación que sufre el palmítico, y que es intermedio en la producción del oleico (18:1) ácido graso no saturado que comprende 41 a 48 % del total de los ácidos grasos(Cuadro 5.2.).

La percepción de la calidad de la carne de las distintas especies y razas de animales domésticos depende de los cambios en las proporciones relativas de los lípidos que se acumulan en los distintos depósitos adiposos, por la densidad, punto de fusión y sabor que los mismos imparten los cortes de carne.

Regulación nutricional de la deposición de tejido adiposo

Grasa en la dieta. La presencia de grasa en la dieta del animal tiene un efecto profundo en la composición de los ácidos grasos del tejido adiposo y el músculo y en las características del tejido adiposo.

El consumo de dietas altas en grasa por porcinos modifica la composición de los ácidos grasos y los lípidos en su tejido adiposo y músculos, por la facilidad con la que las especies de animales mono gástricos depositan los ácidos grasos no saturados presentes en la dieta.

En cambio en los animales rumiantes, la composición de los ácidos grasos de los lípidos en el tejido adiposo con la alimentación de grasas no saturadas puede causar cambios muy pequeños, por la biohidrogenación que ocurre de los ácidos grasos en el rumen, ya que el principal producto de la digestión microbiana dentro del rumen, son los acetatos que actúan en el metabolismo de la energía y en la síntesis de nuevos ácidos grasos (novo).

Cuadro 5.1. Ácidos grasos que se pueden encontrar en el tejido adiposo de animales domésticos.

Nombre Común y dobles ligaduras	Número de átomos de carbono	Nombre Sistémico
caproico	6:0	n – exanoico
caprílico	8:0	n – octanoico
caprico	10:0	n - decanoico
míristico	14:0	n – tetradecanoico
palmítico	16:0	n – exadecanoico
palmitoleico	16:1	cis – 9- exadecanoico
		14 – metil – hexadecanoico
----------------	17:0	n- heptadecanoico
esteárico	18:0	n – octadecanoico
oleico	18:1	cis – 9 – octadecanoico
linoleico	18:2	cis -9-12-octadecanoico
linolénico	18:3	cis 9 – 12 – 15 – octadecanoico
araquídico	20:0	n – eicosanoico
Araquidónico	20:4	cis – 5 -8 – 11 – 14 – eicosatetranoico
----------	22:0	n – docosenoico
eurícico	22:1	cis – 13 – docosenoico

Cuando se analizan los sistemas de producción actuales, se observa que es común la adición de grasas y aceites a las dietas utilizadas en los corrales de engorda, sin embargo, los niveles agregados para mejorar la eficiencia en un tres o cuatro por ciento reducen la acreción de grasa intermuscular (marmoleo), aunque es necesario aclarar que la adición a un nivel bajo de grasa a las mismas tiene un efecto positivo en mejorar la calidad de la canal por la deposición de grasa subcutánea.

Por otra parte, los sistemas de producción que utilizan granos procesados (rolado), también reducen el marmoleo en relación con la deposición total de grasa, en general los niveles bajos de forraje en la dieta conducen a canales con más grasa y menos marmoleo. Lo mismo ocurre si se utilizan ya que estos también causan un impacto negativo en la relación marmoleo y deposición de grasa dorsal, por lo anterior, es posible que se den cambios radicales en la composición de las dietas buscando mantener baja la grasa dorsal y un marmoleo adecuado de la carne.

Cuadro 5.2. Porcentaje de peso de ácidos grasos de tejido adiposo de ganado vacuno, oveja de lana, oveja de pelo, cabra criolla y cerdos.

Ácido graso	Vacuno	Oveja lana	Oveja pelo	Cabra	Cerdo
14:0	4	4	3	--	1
16:0	28	26	27	16	24
18:0	11	16	15	10	13
18:1	43	41	48	43	44
18:2	3	3	4	4	12

Núñez, 1984, Rule y Bertz, 1986, Busboom et al. 1991, Piña, 2009.

Entonces, se hace necesario aclarar que la deposición de grasa por los animales domésticos, es afectada por una gran cantidad de factores como los ya mencionados arriba, factores que también que incluyen la declinación progresiva en las actividades de las enzimas de biosíntesis de triglicéridos con la edad y estado del crecimiento del animal, así como por el crecimiento del tamaño de los adipocitos por la acumulación de triglicéridos dentro de ellos, de hecho existen diferencias muy marcadas en la lipogénesis , la formación de triglicéridos y la glicolisis a partir de C – glucosa con el estado de crecimiento y el tamaño del adipocito (Etherton et al. 1981).

Además, la deposición o acreción de lípidos por el tejido adiposo puede ser influida por la sensibilidad de los adipocitos a las hormonas para realizar la lipogénesis, por ejemplo, la sensibilidad de los adipocitos a la adenosina aumenta con la lactación, obesidad, hipotiroidismo, diabetes y adrenalectomía y decrece con el ejercicio, dietado e hipertiroidismo (Corey, 1995).

Regulación genética de la deposición de grasa.

La especie es el principal determinante en la deposición de grasa en localizaciones anatómicas específicas, durante los distintos períodos del crecimiento (Cuadro 5.3). Por ejemplo en porcinos la deposición de grasa subcutánea aumenta en forma muy acelerada y al final representa el mayor depósito de tejido adiposo en sus las canales. Sin embargo en los bovinos los lípidos en las canales están distribuidos más homogéneamente entre los depósitos subcutáneo e intermuscular (Berg y Butterfield, 1983). Además, hay diferencias marcadas en como el animal reparte el tejido adiposo dentro del cuerpo (Cuadro 5.3), la composición de los ácidos grasos y en el contenido total grasa de las diferentes razas de animales domésticos.

Por ejemplo, en el tejido adiposo subcutáneo de vacas Bos indicus (Huerta – Leidenz et al. 1993), observaron que los ácidos grasos palmitoleico (16:1) y oleico (18:1) eran más altos de que en el mismo depósito adiposos de vacas Bos taurus. Asimismo, en comparaciones realizadas por Piña (2009) entre diferentes razas de ovinos de pelo vacuno a pesos vivos similares, las diferentes propensiones a depositar grasa se observaron con las diferencias en el porcentaje composición de los ácidos en el tejido adiposo (Cuadro.5.4.)

Cuadro 5.3. Distribución del tejido adiposo diseccionable en los distintos depósitos de la canal de animales domésticos de varios tipos.

Depósito Adiposo	Raza de Animal				
	Vacuno	Ovino	Caprino	Ovino de Pelo	Porcino
Riñón y pélvica	16	14	16	16	4
Intermuscular	48	41	84	62	16
Subcutánea	35	45	- - -	22	80

González, H. (2009), Ricard, et al. (1983).

Por otra parte, también se conoce que existe variación en el tamaño de los adipocitos por efecto de raza, así (Robelin,1986) observó que en el tejido adiposo subcutáneo de los animales de raza Charolais el diámetro de los adipocitos fue de 50µm y en animales de raza Hereford de 160 µm mostrando claramente los efectos de raza en la capacidad de depósito de lípidos y el contenido total del tejido adiposo presente en los Hereford y utilizando novillos de siete razas Mendizábal et al. (1999) observaron que las razas que depositaban más grasa tenían los adipocitos más grandes, y mostraban una mayor actividad enzimática que las razas que depositaban menos grasa.

Tenemos asimismo que considerar que existen otros rasgos que intervienen en la regulación genética de la deposición de tejido adiposo, ya que el marmoleo (jaspeado) y el porcentaje de grasa intermuscular son altamente heredables en ganado vacuno, por lo cual responden bien a la selección animal, pero existen variaciones significativas en estos atributos entre las razas de ganado vacuno y aún dentro de las razas es grande la variación presente de estos rasgos. Por ejemplo, el ganado vacuno de la raza Angus manifiesta una marcada tendencia genética para incrementar el marmoleo, mientras que las otras razas de vacuno han mostrado muy poco cambio en este rasgo en las últimas décadas.

Las mutaciones de genes que se utilizan para la predicción del marmoleo que se tendrá en vacunos por la presencia y expresión de los genes como el de la Tiro globulina y el de la leptina que se ha observado causan efectos en el marmoleo (jaspeado) de la carne, y se conoce que existen otros genes comerciales que tienen efecto en los rasgos arriba mencionados, pero no se revelan públicamente por las compañías de mejoramiento genético de animales.

Cuadro 5.4. Ácidos grasos de grasa pélvico renal y total de saturados, mono insaturados y poli insaturados por grupo genético, en porcentaje (MMC±EE)*.

Variable	Grupo genético[1]				
	BB	CH	KT	PB	SF
Mirístico 14:0	3.48±0.23	2.70±0.23	2.71±0.33	3.80±0.28	2.42±0.23
Palmítico 16:0	25.81±0.63	23.81±0.63	23.90±0.89	26.00±0.75	22.86±0.63
Palmitoleico 16:1	0.54±0.14	0.90±0.14	0.96±0.20	0.61±0.17	0.93±0.14
Esteárico 18:0	26.46±0.85	27.24±0.85	25.47±1.21	28.44±1.02	27.18±0.85
Oleico 18:1	39.22±0.72	41.03±0.72	42.41±1.02	37.12±0.86	41.93±0.72
Linoleico 18:2	4.41±0.24	4.15±0.24	4.37±0.33	3.94±0.28	4.48±0.24
8,11,14 Eicosa trienoico 20:3	0.08±0.03	0.17±0.03	0.17±0.04	0.10±0.04	0.19±0.03
Saturados Totales	55.7 ± 0.81	53.7 ±0.81	52.1 ± 1.15	58.2 ± 0.97	52.7± 0.81
Mono insaturados Totales[3]	39.8 ± 0.73	41.9 ± 0.73	43.4 ± 1.04	37.7 ± 0.88	42.6 ± 0.73
Poli insaturados Totales	4.5±0.24	4.3±0.24	4.5±0.35	4.0±0.29	4.7±0.24

* Media de Cuadrados Mínimos ± Error Estándar.

[1] Abreviaturas de Grupos Genéticos: BB, Blackbelly Pura; CH, ½ Charolais x ½ BB o ½ PB; KT, ½ Katahdin x ½ BB ; PB, Pelibuey Pura; SF, ½ Suffolk x ½ BB o ½ PB.

CAPÍTULO VI

MANIPULACIÓN DEL CRECIMIENTO

Introducción.

Los sistemas de producción animal, especialmente los encaminados a la producción de carne en nuestros días están o deben ser enfocados a la obtención de una ganancia de peso óptima y a la reducción del tiempo que el animal necesita para llegar al peso al sacrificio requerido por él mercado, de acuerdo a el tamaño y composición del corte que desea el consumidor el que varía con la cultura de los diferentes países, esto está ligado al sistema de corte y clasificación de las canales. En el capítulo 10, se presenta un análisis detallado de la situación actual, en cuanto a que desea el consumidor en canales y cortes en los diferentes países de América y Europa.

Todo lo anterior, ha ejercido una influencia enorme en el desarrollo de la nutrición y prácticas de alimentación de los animales, con la finalidad de promover el crecimiento óptimo de los mismos con la ayuda de promotores de crecimiento o con la selección e incremento de la frecuencia de genes específicos que influyen en la deposición de los tejidos muscular y adiposo.

En todas las culturas occidentales el músculo esquelético de los animales es considerado el componente del cuerpo animal de mayor valor y como está constituido prácticamente de proteína, la modificación en la deposición de la misma, causa que las ganancias de peso diario sean más altas. Aquí se hace necesario recordar que la fase de crecimiento logarítmico en la curva de crecimiento animal, está dada casi exclusivamente por la deposición de proteína muscular, sin embargo, hay que considerar que la percepción diferenciada de calidad de un corte el consumidor la realiza por la combinación de músculo y grasa presente en el mismo, de esta última principalmente la grasa intermuscular o marmoleo. Este contenido de grasa ha traído consigo consideraciones de salud pública por la percepción que el consumidor tiene del exceso de grasa que los animales modernos depositan con los sistemas de producción y los pesos al sacrificio utilizados por la industria pecuaria en cada país.

Entonces, la modificación a los sistemas de producción animal de animales para carne actuales, se encuentra en la disyuntiva de alterar la composición de la canal por medio de la obtención de la máxima ganancia diaria de peso posible y lograr mejor eficiencia productiva, lo que se puede obtener con la deposición óptima de proteína por él animal, y a la vez mantener sin cambio la percepción de la calidad de la carne por él consumidor.

Pero el desarrollo de los sistemas de clasificación de las canales y cortes de los animales, en cuanto a calidad se basa en el contenido de grasa presente en los mismos. Los productores y procesadores, han solicitado a los investigadores en producción animal se enfoquen a reducir la deposición de grasa hasta el nivel donde no se afecte la percepción de calidad por el consumidor, especialmente del depósito de grasa intermuscular.

En la actualidad, trabajar en la partición de la energía que consume un animal en su ración hacia una deposición mayor de proteína y una reducción en la acreción de grasa, ha sido la meta seguida por bastantes investigadores en nutrición animal, quienes han venido trabajando conjuntamente con fisiólogos y expertos en crecimiento, con la finalidad de manipular el crecimiento de los animales, por medio de cambios en el proceso de digestión o por modificaciones en el metabolismo animal, utilizando compuestos denominados promotores de crecimiento, compuestos que no solo incrementan el crecimiento por sí mismo, sino que incluyen aquellos que mejoran la eficiencia de producción de los animales.

Antibióticos.

Animales monogástricos. En la década de los cuarentas del siglo pasado, Jung observó que los pavos alimentados con granos fermentados aumentaban de peso más rápido que los que consumían dietas normales, más tarde se identificó que el factor de crecimiento en dichos extractos como residuos de clortetraciclina. Los antibióticos y antibacteriales sintéticos se han empleado desde entonces como promotores de crecimiento en dosis subterapéuticas ya que con el uso de los mismos en las raciones de los animales, en promedio se han obtenido incrementos en la ganancia de peso de un 5 por ciento. Los posibles mecanismo por los cuales los antibióticos favorecen el crecimiento están posiblemente más relacionados con el cambio en la flora microbiana, aunque se supone que también reducen el nivel de enfermedad o incrementan la salud animal, también por este último motivo reducen la respuesta del intestino a engrosar sus paredes para evitar el paso de microorganismos al torrente sanguíneo ,y aumentan la superficie del intestino por mayor número de involuciones y presencia de cilios, lo que fomenta una mejor absorción de los nutrientes (Núñez-González, 1977).

Entonces, la adición de antibióticos a las raciones de los animales de abasto es una práctica habitual desde hace bastante tiempo, en la mayoría países del mundo para mejorar la producción animal, dado que elevan la cantidad y calidad de los nutrientes disponibles en la ración.

El uso de antibióticos no fue controvertido en la primeras tres décadas después del descubrimiento que mejoraban la eficiencia en la producción animal, pero en 1969 Inglaterra se publicó el informe Swann, mismo establecía la alerta sobre la posible creación de líneas de bacterias resistentes en animales con el uso de antibióticos como promotores del crecimiento, bacterias que podían causar enfermedades al ser humano y a los animales mismos. El informe, entonces planteó como necesaria la diferenciación de antibióticos a utilizarse en dosis subterapéuticas promotores de crecimiento, y antibióticos para el control de enfermedades en animales y humanos a dosis terapéuticas. A raíz de ese informe la Comunidad Europea, estableció que los antibióticos promotores del crecimiento serían solo aquellos que fueran activos para controlar bacterias grampositivas, no presentaran absorción intestinal, promovieran el crecimiento animal y no fueran utilizados comúnmente en la medicina veterinaria y humana.

En Europa, la lista de antibióticos autorizados como promotores del crecimiento ha variado con el paso del tiempo, y solo quedan autorizados en la actualidad la avilamicina, el flavofosfolipol, la monensina sódica y la salinomicina. Sin embargo en los Estados Unidos de Norteamérica y otros países, las políticas de uso de los antibióticos como promotores de crecimiento ha sido más laxa y en la actualidad están autorizados como promotores del crecimiento la penicilina, la clortetraciclina, la eritromicina, la estreptomicina, la bacitracina , la espectinomicina, la tilosina, virginiamicina y por supuesto la monensina sódica y salinomicina.

Por supuesto, en los últimos años tanto en los E.U.A., como en la comunidad Europea, existe un debate intenso y una gran controversia sobre si es necesario prohibir totalmente los antibióticos como promotores del crecimiento, este debate es posible que cause que en la Comunidad Europea se llegue a la prohibición total, mientras que en los E.U.A. posiblemente se llegue a la prohibición de algunos de ellos como promotores del crecimiento.

Animales rumiantes. En los rumiantes, los antibióticos por sus características de digestión no han tenido una gran utilización, sólo los compuestos como la monensina (Rumensin ®) que causan un efecto selectivo en algunas especies de microorganismos de la flora ruminal, disminuyen la velocidad de paso de del forraje, promueven una mayor digestibilidad de la materia seca consumida, promueven una mayor producción de ácidos grasos volátiles, producen la disminución de la producción de metano y una elevación de la eficiencia de energía de la ración, continúan siendo comúnmente utilizados en las raciones de rumiantes productores de leche y carne, tanto en ganado vacuno como en ovinos.

Los ionóforos e inhibidores del metano también cambian la población y metabolismo de la flora ruminal, con cambios muy aparentes en la fermentación de la ingesta, lo que causa una mejor digestión y absorción de los nutrientes, aunque se ha encontrado menor respuesta que con el uso de la monensina (Chalupa, 1977). Con el uso de todos estos compuestos, entonces, el animal crece más rápido y eficientemente, pero no presenta cambios en la composición de la canal del mismo.

Probióticos.

Con el debate en el uso de antibióticos como promotores del crecimiento en todo su apogeo, hicieron su aparición en los sistemas de producción animal los probióticos o mezclas de microorganismos que mejoraban el balance de la flora intestinal o ruminal en los animales. Los probióticos se desarrollaron a partir de levaduras (Saccharomyces cerevisiae y Aspergillus oryzae) y levaduras Lactobacillus spp.), con la finalidad de causar un incremento en el consumo de la materia seca, reducir el estrés calórico y el estrés pos transporte de los animales. Los resultados del uso de estos compuestos en la producción animal han sido muy variados, y los reportes sugieren que estos dependen de la edad del animal, su estado fisiológico, calidad de la ración y la especie animal. El enfoque del presente libro no es en la discusión del uso de los compuestos que modifican el crecimiento animal, sino la presentación de opciones que han desarrollado los investigadores con el fin de hacer más eficiente la producción.

Modificación del crecimiento animal por cambios en el metabolismo animal.

La utilización de hormonas o análogos sintéticos de las mismas, ha sido un recurso ampliamente utilizado por los investigadores en producción animal, con la idea de incrementar y/o controlar la deposición de los tejidos animales, en la proporción que el consumidor final desea y el productor tenga un sistema de producción lo más eficiente posible al mismo que pueda mantener una calidad adecuada del producto.

El uso de las hormonas para lograr el fin anteriormente expuesto, requiere que se conozca a las mismas y su uso en la producción animal. Existen hormonas, solubles en agua, las cuales son péptidos, derivados de los aminoácidos o proteínas, tales como, la hormona del crecimiento, las catecolaminas, la insulina y otras. Además, existen hormonas solubles en lípidos como las hormonas esteroideas, como la testosterona, estrógeno, progesterona y otras.

Hormona del crecimiento (GH).

También denominada somatotropina es secretada por la glándula pituitaria anterior, estimula la síntesis de proteínas en músculo. Sin embargo la actuación de la hormona de crecimiento es muy compleja tanto actividad catabólica como anabólica. La hormona de crecimiento no ha sido utilizada en los sistemas de producción de animales productores de carne actuales, porque su utilización requiere ser por inyección intramuscular periódica, lo cual hace difícil su incorporación a un sistema de manejo y producción de animales de abasto.

Compuestos hormonales que se pueden agregar al alimento.

El dietilestilbestrol (DES). Fue el primer esteroide anabólico utilizado como promotor de crecimiento, es un esteroide de uso oral muy efectivo, especialmente en la engorda de novillos para producción de carne se utilizó durante algunos años, desafortunadamente se tuvo que prohibir su uso hace como 40 años, cuando se descubrió que tenía efectos carcinogénicos.

Hormonas catecolaminas.

Las catecolaminas epinefrina (adrenalina) y norepinefrina inducen efectos metabólicos significativos en varios tejidos, estas hormonas β–agonistas adrenérgicas actúan a través de los receptores α1, α1, β1, β2 y β3. La epinefrina actúa a través la estimulación de los receptores adrenérgicos β, mientras que la norepinefrina actúa a través de los receptores adrenérgicos α y β. Los receptores β - adrenérgicos (βAR) están presentes en la superficie de casi cada tipo de célula de los tejidos de los animales domésticos, pero el número de las funciones fisiológicas controladas por esto β-receptores adrenérgicos hacen que los mecanismos para cambiar la composición de la canal de los animales sean muy complicados y no totalmente conocidos, porque hay diferencias entre las especies en la estructura y subtipos de βAR presentes en los tejidos y en el metabolismo y distribución de los β-agonistas adrenérgicos (Mersmann, 1998). El tiempo de respuesta de los músculos a los agonistas adrenérgicos está asociado con la proteína y cambios en el metabolismo de los lípidos (Beerman, 2002).

Entonces, el desarrollo de β-agonistas análogos fisiológicos de la adrenalina como promotores del crecimiento, para incrementar la proporción de carne magra, mejorar la eficiencia de conversión del alimento (Moloney y Bermann, 1996) ha sido orientado hacia productos específicos para las especies domésticas productoras de carne, en Norteamérica y otros países del mundo, la administración oral de algunos β – agonistas adrenérgicos se ha autorizado al principio su uso en raciones de porcinos y más tarde los rumiantes vacunos y ovejas.

Sin embargo, en ninguno de los países que conforman la Comunidad Europea se ha autorizado el uso de los β agonistas adrenérgicos para mejorar la producción animales, porque existen peligros potenciales para la salud del animal y la humana, como se concluyó en 1995 en los debates de una reunión científica sobre la promoción del crecimiento animal y la producción de carne (Kuiper, et al. 1998).

β–agonistas adrenérgicos. Los β–agonistas adrenérgicos, son análogos de la catecolamina adrenalina (epinefrina), que se pueden adicionar a la ración y modifican la tasa de crecimiento muscular y por lo tanto la cantidad de tejido magro de la canal de animales mono gástricos y rumiantes.

Los β - agonistas adrenérgicos no son igualmente efectivos en cada especie debido a la presencia de diferentes subtipos de receptores β, función y distribución de los tejidos pero en general mejoran la eficiencia alimenticia entre 10 y 20%, como resultado la repartición de los nutrientes en la ración con el cambio en la composición del animal por un mayor porcentaje de deposición de proteína (tejido muscular) y menos grasa (tejido adiposo).

Entonces, los β - agonistas adrenérgicos producen mayor degradación y menor síntesis de lípidos por el tejido adiposo y el tejido muscular producen una mayor síntesis y una menor degradación de proteína.

Los efectos fisiológicos en el animal causados por los β–agonistas adrenérgicos, son muy complejos, pero el resultado final con su utilización en los animales productores de carne, es la obtención de mayores tasas de ganancia o deposición de proteína muscular y una reducción en la tasa de ganancia o acreción de tejido adiposo, como de efecto directo de los β–agonistas adrenérgicos en estos tejidos.

El desarrollo de esta biotecnología ha sido importante para la modernización de los sistemas de producción de animales en finalización, porque ha hecho posible mejorar la eficiencia productiva y la reducción de grasa en la canal de los animales finalizados. La producción de animales más magros en nuestros días es un objetivo importante para los productores porque el consumidor demanda cortes de carne más magros y con el uso de los β–agonistas adrenérgicos se reduce la proporción de lípidos en los mismos al mismo tiempo que se mejora la eficiencia productiva, lo cual en términos económicos es muy conveniente para el productor.

Los β–agonistas adrenérgicos cambian la tasa de la hipertrofia del adipocito y la tasa de acreción del tejido adiposo, afectan positivamente la eficiencia productiva porque incrementan el crecimiento muscular y pueden reducir o mantener el consumo de alimento.

Estos agentes modificadores del metabolismo animal han logrado establecerse en los sistemas de producción animal modernos, cuando las compañías que los desarrollaron y producen logran que su metabolización sea rápida en los tejidos, no queden residuos que sean tóxicos en la carne y órganos de los animales producidos, logrando su aprobación por las agencias reguladoras de los distintos países.

Clenbuterol.

El clenbuterol (CBL) es un β-agonista adrenérgico que es útil para incrementar la eficiencia de producción de los animales productores de carne, pero tiene efectos deletéreos en la salud pública de los humanos. El clenbuterol incrementa la masa muscular en los animales, pero los residuos que quedan del mismo en los tejido de los animales tratados con él hasta 14 días después de que se suspende su administración, especialmente en el tejido hepático pueden causar síntomas agudos de envenenamiento en el humano que consume la carne de animales tratados (Martínez-Navarro, 1990), los síntomas de envenenamiento con clenbuterol incluyen temblores musculares, palpitaciones, nerviosismo, dolor de cabeza, dolores musculares, aturdimiento, nausea, vómitos, fiebre y escalofríos. Estos efectos se presentan principalmente por el consumo de hígado de los animales tratados con clenbuterol, y fueron la causa de la prohibición de su uso como promotor del crecimiento en la mayoría de los países del mundo. (Mitchell y Dunnavan, 1998).

Ractopamina.

El clorhidrato de ractopamina es un producto que pertenece a las fenetanolaminas, análogos sintéticos de la epinefrina, es un aditivo seguro que se agrega a la ración de cerdos en engorda (finalización), y fue aprobado en el año 2000 por la Administración de Drogas y Alimentos del los Estados Unidos de América (FDA, por sus siglas en inglés), para esta especie animal, con el nombre comercial Paylean®, el aditivo se utiliza para dirigir los nutrientes en la ración a mejorar la eficiencia de producción, incrementando la ganancia de músculo en la canal (Muller, 2000). La ractopamina es de categoría 1 (β- agonistas adrenérgicos) y tiene su principal efecto en incrementar la síntesis de proteína e incrementar el porcentaje total de la composición de magra (Moody, et al. 2000), este compuesto adrenérgico en cerdos es particularmente selectivo a los receptores β_1. Por lo que la administración de este producto en cerdos, dirige la glucosa y aminoácidos que llegan al tejido muscular a producir su hipertrofia, aunque su efecto se reduce drásticamente a los 42 días uso, por lo que se recomienda utilizarlo los últimos 35 días del período de finalización de los cerdos (Fernández et al. 2002).

La respuesta ractopamina en cerdos, depende de la dosis incluida en la ración a 5 ppm, mejora la ganancia diaria de peso, conversión alimenticia y la cantidad de magra en la canal, la dosis de 20 ppm producen un mayor incremento en el tejido magro de la canal y en la eficiencia alimenticia (Chrome et al. 1996). En cerdos finalizados a 98.8 kg promedio, los cerdos con dieta adicionada con ractopamina

(Paylean®) a 20 ppm durante 35 días (Acosta-Sánchez, 2006), observó una conversión alimenticia de 3.30 kg comparados con los controles de 3.43 kg., pero el consumo de alimento y la ganancia diaria de peso fue similar, 2.78 kg y 0.85 kg, respectivamente. Sin embargo los cerdos en la ración con ractopamina aumentaron, el rendimiento de la canal en un 2. 4 % (76.89 a 78.74%), él área del ojo de la costilla 14.3% (35 a 42 cm^2) y disminuyeron la grasa dorsal 9.3% (2.74 a 2.55 cm), con respecto al grupo control.

En el 2006, la ractopamina para rumiantes, con el nombre comercial de Optaflexx® ractopamina HCL , fue aprobada para ser utilizada como un aditivo alimenticio utilizado al final del período de engorda de novillos y vaquillas para aumentar la ganancia de peso vivo, mejorar la eficiencia alimenticia y aumentar cantidad de músculo de la canal, en los sistemas de producción de vacunos para carne (Platter y Travis,2008), se utiliza de 28 a 42 días al final del período de engorda a un nivel de 200 mg/cabeza/día (E.U.A. y México) y de 10 a 30 ppm en (Canadá), y el suplementar 20 ppm (es aproximadamente equivalente a 200/ cabeza / día), la alimentación con Optaflexx® incrementa la ganancia de proteína de la canal por día y la eficiencia de la ganancia de canal por día (Schroeder, et al. 2005b).

El Optaflexx® fue el primer producto aprobado por la Administración Federal de Drogas del gobierno de los Estados Unidos de Norteamérica (FDA por sus siglas en inglés) para la producción de rumiantes, el producto fue evaluado en su seguridad y eficacia y los impactos en los factores que orientan la demanda de carne, como el marmoleo y las características sensoriales (esfuerzo de corte Warner Bratzler) de la misma (Platter y Travis,2008) y la (FDA, 2003) concluyó que la alimentación con raciones adicionadas con Optaflexx® a novillos y vaquillas, no modificó substancialmente los atributos de calidad y características sensoriales de la carne de los animales tratados, y los resultados obtenidos por Schroeder, et al. (2005d) que indican que el grado de marmoleo no fue influenciado por la suplementación con ractopamina a 300 mg/cabeza/día por 42 días en novillos de engorda y 200 mg/cabeza/ día en vaquillas y no cambiaron el porcentaje de canales que se clasificaron como escogido y supremo, cuando fueron evaluados con el sistema de clasificación del Departamento de Agricultura de los Estados Unidos de Norteamérica (USDA), por sus siglas en inglés). Además Gruber, et al. (2007) encontraron que canales de novillos no eran afectadas por la raza en el grado de marmoleo, cuando compararon animales tipo Británico, Continental y cruzas de Brahmán alimentados con ractopamina y tampoco se afectó la distribución de los grados de calidad del sistema de clasificación del USDA. (Platter y Travis, 2008) estiman que la reducción en el grado de marmoleo en animales tratados con ractopamina , puede ser más un efecto óptico, que diluye la percepción de la grasa intermuscular por el incremento del área total del músculo largo dorsal, área que se incrementa un 3% aproximadamente, que los cambios en el esfuerzo de corte Warner-Bratzler para aceptación total , fueron de solo un 4% con el uso del Optaflexx® y que los cortes añejados 14 días alcanzaron el mismo grado de terneza que los de animales sin tratar con ractopamina. Lo anterior es importante porque la (AMI, 2008) detectó que mejorar la calidad de los productos de carne, es identificado como el factor principal que promueve el aumento en la compra de carne fresca por los consumidores en los Estados Unidos de Norteamérica.

Zilpaterol.

Otro agonista beta adrenérgico sintético, para ser utilizado en la finalización de animales rumiantes productores de carne, el Zilpaterol, cuyo nombre comercial es Zilmax® fue aprobado en Sud África (1997) y México (1999) ya que tiene efectos significativos en el crecimiento y rendimiento de las canales de novillos engordados, este producto fue aprobado en 2006 en los E.U.A. y se empezó a utilizar en él 2007 y finalmente fue aprobada su utilización en la engorda (finalización) de novillos en Canadá en el 2009, este producto al igual que la ractopamina es metabolizado rápidamente y desaparece de los tejidos comestibles del ganado vacuno (Sumano, et al. 2002).

En novillos el comportamiento productivo en corral de engorda fue ampliamente mejorado por el Zilpaterol, la textura de la carne fue clasificada intermedia (Avendaño – Reyes, et al. 2006), y (Johnson, 2009) mencionan que el efecto del zilpaterol en la hipertrofia muscular probablemente contribuye a los cambios en la terneza de la carne de los animales tratados, en relación al color de la carne (Hunt, 2009) expresa que los animales suplementados 40 días con el β-agonista zilpaterol, presentaron un color normal en su carne.

La suplementación de zilpaterol durante 33 días, según (Avendaño - Reyes et al. 2006) confirma que la adición de este producto a la ración a 7 g por tonelada de alimento, mejora el comportamiento productivo de los novillos, esto con base en los resultados obtenidos en los valores de ganancia diaria de peso, la eficiencia de gane, el peso de la canal caliente, el rendimiento de la canal, y el área del músculo largo dorsal (LM). Además, que el uso de β- agonistas optimiza el comportamiento de los novillos en corral de engorda sin comprometer la calidad de la carne

En general, Avendaño - Reyes, et al. (2006) encontró que el área del músculo (LM) con la ractopamina fue 8% mayor y con el zilpaterol 13% mayor que el área medida en los animales control, asimismo, el zilpaterol redujo en 17. 6 % y la ractopamina en solo 5.5 %, la grasa dorsal, mientras que el incremento en el porcentaje del peso de la canal caliente fue de 7.5% para el zilpaterol y 4,6 % para la ractopamina. Pero los animales tratados con ractopamina consumieron menos alimento que los controles y tuvieron una ganancia diaria de peso 24% mayor, los alimentados con zilpaterol no variaron su consumo de alimento y tuvieron 26 % de ganancia diaria de peso.

Cuadro 6. 1. Rendimiento y características de la canal de novillos alimentados 33 días con dietas adicionadas con zilpaterol y ractopamina en corral de engorda.

	Control	Zilpaterol	Ractopamina
Peso canal caliente kg	291.70	313.60	305.30
Peso canal fría kg	287.40	309.80	301.90
Pérdida en 24 hrs de frío %	1.45	1.21	1.09
Rendimiento de la canal %	61.00	63.00	62.50
Grasa dorsal $12^a - 13^a$ costilla cm	1.65	1.36	1.56
Área LM en cm^2	66.75	75.23	72.17
Ganancia diaria de peso kg	1.58	2.14	2.08
Magra total %	72.42	79.15	79.63

Datos de Avendaño- Reyes, et al. 2006.

La grasa diseccionable de los animales control (11.74%) fue muy similar con los de ractopamina (11.36%) pero en los animales suplementados con zilpaterol esta fue menor (10.74%), con respecto a la cantidad de magra total esta fue 10.0% mayor en los animales alimentados con ractopamina y de 9,3% para los con zilpaterol , cuando se comparó con la magra de los animales control (Cuadro 6.1). y Elam (2009) concluye que la respuesta a la suplementación ha sido consistente, y que los impactos negativos en las características de las canales (menos marmoleo) pueden ser reducidos o eliminados con estrategias de manejo, como días que el producto se ofrece en el alimento a los animales, menciona que en 20 días de suplementación los animales mostraron respuesta al zilpaterol e incluso menciona que con tecnologías de DNA puede también lograrse el mantenimiento del nivel de marmoleo deseado en los animales.

Compuestos hormonales agregados por implantación.

Andrógenos. Otras hormonas que causan efectos en el crecimiento y composición de los animales de carne, son los andrógenos, los cuales se implantan bajo la piel como pequeñas pastillas alargadas y estimulan el desarrollo muscular, en el crecimiento prenatal, por efecto en la miogénesis , son responsables del incremento en un buen número de fibras musculares, siendo este efecto mayor en los machos que en las hembras. En él crecimiento posnatal del animal al llegar este a la pubertad se incrementa la concentración de andrógenos en circulación lo que provoca que se incremente el tamaño de las fibras (hipertrofia) y haya una mayor deposición de proteína muscular, debido a que los andrógenos se ligan a los receptores de andrógenos intracelulares del músculo.

Pero, la castración de los animales causa que una parte del crecimiento se realice como una mayor deposición de tejido adiposo por efecto del abatimiento en la concentración de la hormona de crecimiento por la remoción de las gónadas sexuales, pero la utilización de estrógenos o sus análogos sintéticos tiene el efecto de volver a incrementar la concentración de la hormona de crecimiento circulación en los animales castrados, con lo que aumenta la síntesis de proteína y por lo mismo hay una mayor deposición de proteína muscular. Como la deposición de grasa (tejido adiposo) por los animales, requiere más energía por unidad de peso que la requerida para la deposición de proteína (tejido muscular), los animales castrados presentan tasas de conversión alimenticia menores que los machos intactos (Villalobos et al. 2009a) aún con la utilización de estrógenos externos al animal (Cuadro 6.2.).

Otro efecto muy notable causado por los estrógenos, es que modifican la conformación del animal intacto, porque en los machos de bovinos, ovinos y en general de todos los mamíferos, se presentan diferencias en la distribución muscular, así los músculos del cuello de los toros, se desarrollan más comparados con los mismos músculos de los novillos (castrados) y las vaquillas. Sin embargo, la mayoría de los sistemas de producción actuales generalmente castran a los animales machos para mejorar su manejo menor agresividad), mejorar la calidad de la carne y evitar el olor a macho en algunas especies de animales domésticos, pero esto causa una mayor deposición de grasa y menos músculo durante el crecimiento, lo que abre la oportunidad de utilización de andrógenos, para que los castrados mimeticen sus características hormonales con las de los machos intactos, sin perder las ventajas de manejo causados por la castración y mejorar el comportamiento productivo de los animales castrados (Crighton, 1980).

Estrógenos. Los estrógenos facilitan la deposición de grasa y estimulan el crecimiento muscular como resultado de estos efectos los estrógenos, se utilizan frecuentemente solos o en combinación con andrógenos, como promotores del crecimiento principalmente en animales rumiantes productores de carne.

El uso de los estrógenos en la producción animal de ganado para carne es muy efectivo en los machos castrados , ya que estos son los que muestran una mejora fuerte en la ganancia de peso y la conversión alimenticia de entre un 10 a 20 %, porque incrementan la tasa de secreción de la hormona de crecimiento, lo que resulta en más deposición de proteína muscular, sin embargo, el uso de estrógenos en las hembras tiene poco efecto e y en los machos intactos solo incrementa la deposición de grasa.

Cuadro 6.2. Promedio de ganancia de peso diario, eficiencia alimenticia, área del ojo de la costilla y grasa dorsal de corderos de pelo intactos y castrados, con y sin implante de 12 mg de zeranol.

	TRATAMIENTOS			
VARIABLE	Corderos intactos	Corderos intactos implantados	Corderos castrados	Corderos castrados implantados
GDP (kg)	0.328	0.347	0.268	0.298
EA (Kg)	4.610	4.460	5.330	5.220
AOC (cm²)	14.48	15.72	14.57	15.01
GD (mm)	2.26	2.61	3.48	4.38

(GDP) Ganancia diaria de peso en 70 días, (EA) Eficiencia alimenticia en 70 días,

(AOC) Área del ojo de la costilla (Longissimus , 12ª), (GD) Grasa dorsal.

Adaptado de Villalobos, et al. 2009a y Villalobos et al. 2009b.

Análogos sintéticos de esteroides combinados. Existen en el mercado varios compuestos de análogos de esteroides, que se utilizan comúnmente en los sistemas de producción animal, por medio de la implantación de los mismos en forma de pastillas alargadas pequeñas, que aprovechan la ventaja existe para la producción animal, por el efecto de la combinación de hormonas, es común observar que el uso de andrógenos (testosterona) aumentan la deposición de proteína muscular en bovinos, mejoran el crecimiento y la conversión alimenticia cuando se utilizan solos, pero que son más efectivos cuando se combinan con estrógenos (α- estradiol).

Algunos de estos compuestos comerciales, muy utilizados en Canadá, los E.U. A., México y otros países de Latinoamérica y prohibido su utilización en toda la Comunidad Europea, son:

Ralgro®. Producto que contiene zeranol que es una toxina con efectos estrogénicos producida por el hongo Giberrella zeae, en dosis de 36 mg y es utilizado principalmente en ganado vacuno, en becerros en crecimiento de razas productoras de carne, vaquillas, toretes y novillos de carne en engorda (finalización) y últimamente en ovinos de pelo para producir carne (Villalobos, et al. 2009a, b).

Sinovex S®. Combinación de benzoato de estradiol y progesterona, en dosis de 20 mg, se utiliza en la engorda de novillos castrados de más de 200 kg de peso vivo.

Revalor S®. Combinación de acetato de trenbolona y estradiol (140 mg y 28 mg), es utiliza en novillos (castrados) en finalización. El acetato de trenbolona es un esteroide sintético que es potente esteroide anabólico especialmente combinado con estrógenos.

CAPÍTULO VII

CRECIMIENTO COMPENSATORIO
EN LOS ANIMALES

Conceptos básicos.

El concepto de crecimiento compensatorio en animales después de una restricción alimenticia proviene del trabajo de investigación realizado hace más de seis décadas por McKeekan(1940) quien observó que cerdos en crecimiento después de 4 meses de restricción nutricional , tenían poco más de la mitad del peso vivo que los cerdos alimentados a libre acceso, pero al suspender la restricción y alimentarlos de acuerdo a sus requerimientos nutricionales mostraron una ganancia de peso acelerada y canales más llenos de grasa.

Una posible causa del crecimiento acelerado después de que al animal se le restringe su alimentación, es que tienen células más pequeñas en sus tejidos, y estos pueden convertir el alimento a tejido muscular más eficientemente y por lo tanto crecen más rápido por un tiempo, ya que las células pequeñas tienen una relación mayor de superficie: volumen, por lo tanto un potencial metabólico mayor (Hammond, 1962).

Entonces, se puede definir al crecimiento compensatorio, como un incremento rápido en la tasa de crecimiento, que experimentan los animales mamíferos y aves que son realimentados de acuerdo con los requerimientos de proteína y energía necesarios para su crecimiento, después de un periodo de restricción nutricional que haya causado una reducción o detenimiento del crecimiento relativo a su edad, que produzca una curva sigmoidea suave y continua , o sea que los animales al recibir suficiente alimento, crecen tanto o más que aquellos de la misma edad que se alimentaron con dietas normales que cumplen con sus requerimientos nutricionales. (Reid et al. 1977, Randall, et al. 1998).

Aunque generalmente, en trabajos de crecimiento compensatorio se mide la ganancia de peso del animal en vivo y la composición de su canal, (Mersmann, et al. 1987), expresan que también existen cambios en los órganos y vísceras de los animales por efecto de la restricción nutricional y la realimentación normal posterior.

Por lo que, si durante la fase de realimentación el incremento en el crecimiento es superior al crecimiento exhibido por los animales bajo condiciones de nutrición de acuerdo con los requerimientos de los mismos y existe un medio ambiente adecuado para la producción animal, el animal definitivamente muestra crecimiento compensatorio (Ryan et al. 1993).

En severos de restricción nutricional los animales nunca se recuperan en el período normal se producción comercial aunque se les dé más tiempo, este tipo de restricción nutricional resulta en un adormecimiento o parado permanente del crecimiento, aunque esto es raro que ocurra en los sistemas de producción comúnmente utilizados, sin embargo una restricción nutricional severa en los estadios posnatales de crecimiento resulta en un tamaño menor del cuerpo al termino de producción comercial (Figura. 7.1.) y aunque los animales sean más pequeños tienen la misma composición corporal (Montaño, 1986).

Figura 7.1. Aturdimiento del crecimiento en pavos hasta 19 semanas con restricción del 30 por ciento de proteína las primeras 10 semanas.

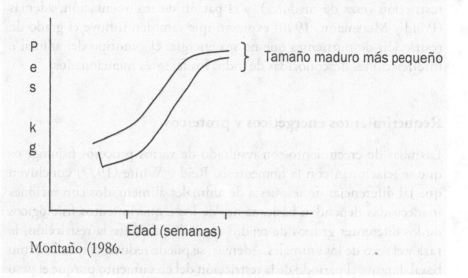

Montaño (1986.

Factores generales que afectan el crecimiento compensatorio.

En una revisión del tema de crecimiento compensatorio Wilson y Osbourn (1960) establecieron que la recuperación de los animales aumenta a medida que la restricción nutricional es mayor, por la naturaleza de la restricción nutricional y el efecto en el crecimiento del animal y la clasifican en tres categorías.

1. Restricción nutricional severa, con pérdida de peso vivo por el animal.

2. Restricción nutricional mediana, con mantenimiento del peso vivo por el animal.

3. Restricción nutricional leve, con pequeños incrementos del peso vivo por el animal.

Pero, se puede considerar en general, que el crecimiento compensatorio es la suma de respuestas de órganos y tejidos específicos a la realimentación después de una restricción nutricional, aunque Wilson y Osbourn, (1960) consideran que la respuesta en el crecimiento compensatorio por los animales depende de la naturaleza, severidad y duración de la restricción, el estado de desarrollo y fisiológico al momento de la restricción (taza de madurez), y el patrón de realimentación, además (Pond y Mersmann, 1990) expresan que también influye el grado de restricción de nutrientes que no sea energía, el genotipo del animal e interrelaciones desconocidas de todos los factores mencionados.

Requerimientos energéticos y proteicos.

Las tasas de crecimiento son resultado de varios procesos fisiológicos que se relacionan con la homeoresis. Reid y White (1977) concluyen que las diferencias de respuesta de animales alimentados con raciones inadecuadas dependen básicamente de los requerimientos fisiológicos de los diferentes grupos de tejidos afectados durante la restricción, la raza y el sexo de los animales. Además, se puede reducir el metabolismo basal durante el período de la restricción del crecimiento porque el peso visceral se reduce y ésta tasa metabólica reducida se mantiene durante un tiempo dentro de la fase de realimentación, lo que permite que una cantidad mayor de proteína y energía en la dieta de recuperación pueda ser utilizada para el crecimiento de los tejidos en lugar de para el metabolismo basal, (Koong, 1985, otros investigadores, han agregado que, las tasas de crecimiento mejoradas presentes en las fases tempranas de crecimiento compensatorio están posiblemente asociadas con las respuestas fisiológicas del eje de la hormona de crecimiento – IGF-I y la insulina en consonancia con requerimiento menor de mantenimiento debido a la menor tasa metabólica. Yambayamba et al. (1996).

Esta disminución de los requerimientos y gastos energéticos de mantenimiento puede en el caso de los bovinos persistir por varias semanas, luego que el animal supera el estrés nutricional, y permite una mayor disponibilidad de energía para crecer, por un aumento en las concentraciones hormonales en plasma y una mayor deposición de tejido muscular, además de que los animales tiene un período de tiempo variable para que sus órganos y tejidos puedan adquirir el peso y tamaño normales (Ryan, 1990; Hornick et al. 1998).

Consumo de alimento durante la realimentación.

Algunos investigadores han identificado un incremento del consumo de alimento como el principal mecanismo que condiciona el crecimiento compensatorio, (Luna-Pinto y Cronje, 2003) mencionan que existe una asociación entre el incremento en la tasa de crecimiento y un aumento en el consumo de alimento, principalmente causada por el incremento en la síntesis muscular y (Hornick et al. 1998) reportan un incremento en el consumo de alimento entre un 5 y 22% durante la fase de realimentación. Pero algunos factores ambientales como: la salud del animal, la temperatura ambiental o la calidad de alimento, puede afectar el apetito, y por lo tanto el consumo e inclusive la repartición de los nutrientes que los animales ingieren.

Por otra parte, el consumo de alimento también está relacionado con el peso vivo de los animales que tuvieron una restricción alimenticia al inicio del período de realimentación son más pequeños que los animales normales, por lo tanto, tienen un menor requerimiento de mantenimiento, esto si tienen un consumo de alimento más alto en relación al tamaño causa que más nutrientes estén disponibles para el crecimiento del animal (Lawrence y Fowler, 2002).

Otros, investigadores, sin embargo, indican que no existen cambios significativos en el consumo de alimento, por animales que mostraron una tasa alta de crecimiento compensatorio (Carstens et al. 1991), esto a pesar de observar un incremento en la tasa de deposición de proteína y una disminución en la acumulación de grasa después de comenzar el período de realimentación, lo cual especulan se debe probablemente al aumento en la eficiencia de la acumulación de proteína por la presencia de agua.

El estadio de crecimiento posnatal cuando se da la restricción nutricional afecta la naturaleza de la respuesta cuando la desnutrición ocurre temprano, los efectos de largo plazo son mayores en los tejidos de maduración temprana (hueso) y menores en los tejidos de maduración tardía (grasa), alimentar con un plano nutricional alto tarde en la vida del animal cuando el músculo y el hueso han madurado incrementará la deposición de grasa.

Francisco Alfredo Núñez González

Crecimiento compensatorio en animales monogástricos (aves).

Pollos parrilleros. Aves que recibieron una alimentación restringida, mostraron crecimiento compensatorio y se igualaron con aquellas ves que recibieron la alimentación tradicional, no encontrando diferencia en lo que se refiere a contenido de grasa de la canal (Telfer et al. 1982) y en un estudio con pollos diferenciados por sexo y enjaulados individualmente (Morán, 1979) encontró crecimiento compensatorio tanto en las hembras como en los machos, cuando estos fueron alimentados con niveles bajos de proteína durante el período de crecimiento, al terminar la fase de finalización fueron iguales a los pollos del grupo control; además mostraron mejor conversión alimenticia que los del grupo control y las mismas características de la canal.

Pavos. Cuando el crecimiento de un animal es limitado o alterado de tal manera que, es pequeño para su edad, este puede crecer más rápidamente por un tiempo hasta alcanzar el tamaño normal de los animales de su edad (Auckland, 1972), sin embargo hay que considerar que esto puede lograrse en los pavos fuera del período normal de producción de 19 semanas..

Montaño (1986) trabajó con pavos utilizando una restricción nutricional del treinta por ciento de proteína, durante las diez primeras semanas, y no encontró diferencia en la ganancia de peso al final de las 19 semanas del período de producción. En cuanto las características de la canal observó que durante las 10 semanas del período de restricción fue mayor la influencia de la dieta que el sexo de los pavos, pero al final de las siguientes 9 del periodo de realimentación (19 semanas de edad), observó que fue mayor la influencia del sexo de los animales, que la dieta, siendo las hembras las que mostraron mayor grado de recuperación. También menciona que es posible producir pavos con una restricción del 30% de proteína de los niveles recomendados por el Consejo Nacional de Investigación, 1977, (NRC por sus siglas en inglés), sin afectar sensiblemente el peso final y que las características de las canales de los animales restringidos y normales fueron similares, tanto en rendimiento como en calidad, solo que las de los animales restringidos fueron más pequeñas (Cuadro 7.1) y afirma que las variables medidas en sus estudios no fueron afectadas por la restricción nutricional con excepción del peso corporal, esto posiblemente porque como menciona (Auckland y Morris, 1971a) es más eficiente la utilización de la proteína por pavos que son sometidos a una dieta baja en proteína que aquellos que la reciben en forma normal.

Cuadro 7.1. Peso de la canal de pavos engordados 19 semanas con dieta normal o restringida en 30% de la proteína durante las diez primeras semanas.

Proteína en la dieta	Peso de la canal (Kg)		
	Machos	Hembras	Promedio
Tradicional	8.083	6.317	7.200
Restringida	7.260	5.645	6.453
Promedio (sexo)	7.672	5.981	

Montaño, 1986.

Leeson y Summers, (1978). Observaron que a las 20 semanas de vida, los pavos que estuvieron en una alimentación restringida las primeras semanas de vida, al final tienen un mayor peso corporal y mejor rendimiento en canal, que los animales alimentados con régimen normal. Los pavos alimentadas con una dieta baja en proteína, fueron capaces de mostrar crecimiento compensatorio de las 10 a las 19 semanas de edad (Cuadro 7.2), con lo cual el peso vivo al finalizar la prueba fue muy similar a los de pavos alimentados normalmente (Montaño, 1986).

Cuadro. 7.2. Restricción de 27% en la proteína en raciones de pavos durante 10 semanas y finalizados a 19 semanas.

% de proteína cruda de la dieta

Semanas	0 – 5	6 – 10	11 – 15	16 – 19
Tradicional	27.80	24.12	19.14	14.74
Restringida	20.90	17.06	19.14	14.74

Montaño, 1986.

Animales mamíferos monogástricos.

Porcinos. Diversos estudios han reportado que el cerdo durante un período de restricción nutricional puede restringir su consumo de alimento a través de controles fisiológicos, y por algunos factores ambientales como, la salud del animal, la temperatura ambiental o la calidad de alimento, factores que pueden afectar el apetito, y por lo tanto el consumo e inclusive la repartición de los nutrientes que los animales ingieren.

Durante la restricción alimenticia, una mayor proporción de energía retenida es en forma de proteína muscular lo que produce cerdos más magros y La ganancia de peso vivo en cerdos en crecimiento es usualmente más rápida durante la alimentación ad libitum, enseguida de un período de restricción (McKeekan, 1940).

Cerdos maduros cruzados responden con crecimiento compensatorio durante el período de realimentación que sigue a una severa restricción de alimento, pero la composición del cuerpo después del crecimiento compensatorio puede ser influenciada por factores que afectan el consumo de alimento (Mersmann, et al. 1987).

Por otra parte, el estado de cuando él cerdo restringido, tiene influencia sobre la tasa de crecimiento durante la re alimentación, y se ha demostrado que con reducción o restricción moderada en el consumo de alimento en la etapa de crecimiento- finalización de cerdos, se puede reducir la grasa final de la canal del animal, sin producir cambios en la ganancia de tejido magro (Cleveland et al. 1983).

Durante restricciones nutricionales leves a cerdos en crecimiento - finalización, la ganancia de peso diario es reducida cuando son realimentados (Mersmann et al. 1987), observó ganancias diarias de peso de 650 g/d, en cerdos a los que restringió la ración por un período corto. Pero cuando se alimenta a los cerdos con raciones, con niveles menores al 70% de la energía metabolizable recomendada los animales solo crecen 300 g/d y en la realimentación llegan a 1100 g/d (Lovatto et al. 2006).

La composición y calidad de la canal de los cerdos al igual que en otros animales, como ya se expreso líneas arriba dependen de la edad y estado de crecimiento y desarrollo del animal cuando se le restringe nutricionalmente, por lo que (Mermann et al. (1987), reportaron una mayor deposición de grasa en la canal cuando la restricción alimenticia se realizó en las primeras semanas de vida del cerdo, sin observar diferencias en el desarrollo del tejido adiposo de la canal, cuando la restricción se realizó después de dos meses de edad, comparados con el tejido adiposo de cerdos alimentados normalmente.

Animales mamíferos rumiantes.

Debido a la importancia que tiene la producción de bovinos y ovinos productores de carne, existe un gran número de investigaciones realizadas sobre crecimiento compensatorio sobre estos animales herbívoros, porque la producción de ellos cuando se desarrollan sistemas de producción que hacen uso del crecimiento compensatorio, son una forma de hacer ser más productivos económicamente, a productores.

Molina et al. (2007). Utilizó ganado vacuno en pastoreo para evaluar su crecimiento compensatorio y observó que durante la fase de restricción alimenticia, los animales tuvieron menos ganancias de peso que el grupo control, pero durante la fase de realimentación se obtuvieron mejores ganancias de peso, como también ocurre con otras especies de rumiantes. Sin embargo, Moran y Holmes (1978) expusieron que la expresión del crecimiento compensatorio generalmente es más variable y menor después de la restricción nutricional de los animales durante el pastoreo, que cuando la restricción nutricional es en el invierno y la realimentación ocurrió después en el pastoreo. Esta variabilidad y nivel del crecimiento puede posiblemente explicarse por lo que observaron (Meisner et al. 1995) que hasta el 57% de la variación en la ganancia diaria en ganado vacuno puede ser atribuida al peso inicial de los animales, la concentración de energía metabolizable en la dieta, el consumo de materia seca y los días de alimentación de los animales.

Al igual que en otras especies animales, el ganado vacuno joven tiene más dificultad para mostrar crecimiento compensatorio, pero esto se puede deber a lo que expresa (Manso et al, 1998) que un animal con un tejido adiposo extensamente desarrollado, lleno de lípidos fácilmente movibles, puede soportar mejor y por período de tiempo largo una restricción nutricional comparado con un animal sin estas características.

Coleman et al. (1993) sometieron a novillos Angus y Charolais jóvenes y adultos a una alimentación normal con alfalfa ó con una dieta restringida a base de heno de alfalfa, rastrojo de trigo y cascarilla de algodón, observaron que existió interacción edad por dieta en el contenido de grasa del cuerpo vacío. Los animales adultos que consumieron dieta normal, tuvieron canales más grandes, con más grasa. Las canales de los Angus fueron más grasosas que las de los Charolais. Al final de la fase de engorda, los novillos con dieta de restricción, tuvieron más grasa que los novillos adultos con dieta normal. Sin embargo, (Berg y Butterfield, 1976) establecen que en el proceso de recuperación parece existir un patrón normal para novillos para la engorda a y que la repartición de grasa entre los depósitos es debida al nivel de engrasado, en lugar de la edad, peso del músculo, peso vivo, sexo o cualquier otro criterio (Cuadro 7. 3.).

Cuadro 7.3. Partición de la grasa (g) por kilogramo de ganancia de peso vivo durante la recuperación el crecimiento normal de 672 a 879 días de novillos Hereford sin cuernos, terminados al mismo peso vivo.

Animales	Peso vivo (kg)			Grasa (g) por kg de ganancia de peso vivo			
	Inicial	Final	Ganancia	SC	IN	RN	TO
Normal	373	430	57	60	28	5.3	94
Recuperación	305	430	125	17	31	4.5	52

SC; subcutánea, IN; intermuscular, RN; renal, TO; total diseccionable.

Berg y Buterfield (1976).

Ellos también mencionan, que la deposición de los distintos tipos de tejido adiposo sugiere que la grasa intermuscular tiene más prioridad que la grasa subcutánea en el proceso de recuperación (Cuadro 7. 4)

Cuadro.7.4. Ganancia de grasa de cada depósito adiposo, como porcentaje del incremento del peso de novillos en crecimiento compensatorio y crecimiento normal.

	Novillos	
	En recuperación	Normales
	Por ciento (kg)	
Grasa subcutánea	156.0 (4.2)	117.9
Grasa intermuscular	175.9 (7.8)	42.3
Grasa de riñón	86.2 (1.1)	32.9
Grasa total diseccionable	155.7 (13.1)	70.4

Berg y Butterfield (1976)

Esto hace posible la creencia común de que durante la recuperación del ganado vacuno después de un periodo de restricción nutricional deposita principalmente grasa, se deba a que el depósito de grasa subcutáneo durante la realimentación se lleva hasta un nivel en el cual los animales vivos o sus canales cumplen con estándares aceptables de apariencia visual. Sin embargo, para entonces, todos los otros depósitos de grasa seguramente están sobre cargados de grasa.

Interpretación del crecimiento compensatorio.

Es difícil interpretar, toda la información referente a crecimiento compensatorio y su efecto en la composición del animal vivo o su canal, sin embargo, el crecimiento compensatorio ha sido utilizado en el desarrollo de sistemas de producción, por la habilidad que tienen los animales para resistir reducciones de alimentos lo permite planear la alimentación con niveles leves de restricción para reducir los costos de producción al mismo tiempo que se mantiene una canal de características aceptables, (Aukland y Morris, 1971 a) concluyen que el gane compensatorio da ventajas económicas, por el uso de niveles bajos de proteína en la ración, con rendimientos de canales semejantes a los obtenidos con los sistemas de alimentación comunes y (Montaño, 1986) agrega que con la disminución de la proteína en la dieta, se disminuyen notablemente los costos de producción de los animales.

Además, (Berg y Butterfield, 1976), especulan que el peso o tiempo al sacrificio del animal que se puso en crecimiento compensatorio debe ser muy anterior, a que alcance el nivel visual aceptable de grasa subcutánea, ya que el tejido muscular alcanza su nivel óptimo de deposición primero y puede hacer al sistema de producción muy exitoso en términos económicos.

CAPÍTULO VIII

MEDICIÓN DEL CRECIMIENTO ANIMAL

Introducción

Como ya se discutió en el capítulo dos, el crecimiento de los animales en forma simple, es la acumulación de tejidos que ocurre en el animal y como ya sabemos los componentes del cuerpo crecen en diferentes proporciones a través del tiempo, así en las primeras etapas del mismo, hay un incremento mayor del músculo, y que el tejido graso se empieza lentamente, alcanzando los niveles mayores de deposición al final de la etapa de crecimiento. Por lo cual el crecimiento animal, es uno de los aspectos más importantes al momento de evaluar la productividad en las explotaciones dedicadas a la producción de carne (Agudelo-Gomez, et al. 2008). Debido a lo anterior, en la industria pecuaria al igual que en la investigación animal, medir el crecimiento animal tiene como objetivo principal estimar, qué los cambios en la composición corporal o cambios en las proporciones en los tejidos de los animales, sean lo más cercano al "crecimiento verdadero" del animal. En el primer caso por las implicaciones económicas ligadas a la percepción de calidad que tiene el consumidor de carne, relacionadas con la proporción de hueso, músculo, y tejido graso que tiene la canal o el corte de un animal. En el segundo, para dilucidar qué efecto tienen en el crecimiento del animal, los diversos nutrientes utilizados, el sistema de alimentación, el potencial genético del animal, la fisiología, el medio ambiente, los agentes modificadores del crecimiento y otros factores.

Entonces, como ya se mencionó para obtener el "crecimiento verdadero", que ocurre en el animal en vivo y predecir con la mayor certeza posible cuando se sacrifica al animal, cual es la proporción de tejidos que tendrá la canal del animal terminado, o las canales producidas por un grupo de animales, se han utilizado métodos de medición del crecimiento objetivos y subjetivos.

Entre los métodos objetivos más utilizados para medir el crecimiento en el animal vivo se han utilizado, el peso del corporal, las medidas del cuerpo y el ultrasonido; en la canal, el peso, el porcentaje de rendimiento, la disección total de tejidos, el porcentaje de los cortes y las medidas con sensores específicos.

Peso vivo del animal.

En la práctica evaluar la ganancia de peso de un animal es el método más comúnmente utilizado para expresar el crecimiento del animal, porque es fácil de medir y de bajo costo, y en realidad registrar el peso vivo del animal es útil para conocer la evolución del crecimiento del animal a través de sus etapas productivas, y para definir el tiempo en el que serán enviados al sacrificio para su mercado. Por otra parte, (Lawrence y Fowler, 2002) concluyen que el peso vivo del animal es el predictor más importante de muchos de los atributos de la canal además que es muy importante en mantenerlo constante en las ecuaciones de predicción del crecimiento. En corderos el peso vivo también se ha encontrado que es un predictor importante para mejorar ecuaciones de regresión Ripoll et al. (2009).

Sin embargo, para pesar los animales es necesario estandarizar el sistema de pesaje porque bastantes factores influyen en el peso que registramos de los mismos desde suciedad adherida a la piel hasta el tiempo trascurrido en la ingestión de alimento antes del pesado. Los cambios en el peso vivo de los animales deben representar los cambios verdaderos principalmente, en los tejidos y órganos, los comestibles de la canal.

Por otra parte, el período que transcurra entre el pesaje de los animales depende de la especie, así es común que especies animales pequeñas (pollos parrilleros, pavos, conejos y otras) se pesen semanalmente, especies de tamaño mediano (cerdos, caprinos, ovinos y otros) cada dos semanas y los rumiantes mayores (ganado vacuno) cada cuatro semanas. De acuerdo con Hughes (1976) mencionado por (Lawrence y Fowler, 2002) para el pesaje de los animales estandarizar el intervalo de dietado, es muy bueno, ya que hay una correlación alta entre la pérdida de peso vivo del animal en ganado vacuno en las primeras 6 horas y la pérdida de peso a las 24 horas, y para reducir al mínimo las fluctuaciones en el peso vivo se debe seleccionar el tiempo de pesaje cuando las variaciones debidas al llenado del tracto gastrointestinal (GIT) son mínimas.es decir al inicio del día antes de ofrecer alimento a los animales, sin embargo, este autor considera que dejar o quitar la disponibilidad de agua no tiene efecto en los cambios del peso vivo y Carroll (1976), indica que es necesario, someter a los animales a un período de ayuno o dietado antes de pesarlos, por al menos durante un tiempo equivalente al llenado del tracto digestivo según la especie.

Posiblemente, la práctica común de dietado pre sacrificio en la industria que se establece en 12 horas y legisla, sea resultado de las observaciones encontradas en los distintos trabajos de investigación relacionados con la técnica pesaje de animales de distintas especies y también por una razón práctica que es al tener un tracto gastrointestinal semivacío o vacío del animal se reduzca la posibilidad de contaminación de la canal y se obtenga el rendimiento real de la canal (porciento peso de la canal caliente entre peso vivo).

En los animales monogástricos como el cerdo, el impacto del llenado del tracto gastrointestinal (2%) en el peso final al sacrificio (90 a 100 kg), no es tan grande en la alteración del peso verdadero de la canal, calculados con el peso vivo ; sin embargo en los rumiantes esto es totalmente diferente ya que el llenado del tracto digestivo puede ir desde el 5% en rumiantes muy jóvenes hasta un 26 % en rumiantes adultos en dietas de muy baja calidad como rastrojos agrícolas, pero en animales de engorda dependiendo de la calidad de la dieta el porcentaje de llenado del GIT normalmente está entre 13 a 15% (incluyendo el llenado del rumen e intestinos).

Peso del cuerpo vacío. Como el objetivo de la investigación en producción de carne debe ser proveer información para la planeación de la producción, procesado y mercadeo de carne, como músculo de calidad debe ser producido, cortado y como el animal debe ser sacrificado más eficientemente Carroll (1976). En la investigación en crecimiento animal, por lo ya expuesto arriba con relación al registro del peso vivo de los animales, en especial de los rumiantes donde las variaciones tan grandes en el contenido del GIT, son la causa principal de errores, la experiencia indica que para tener una estimación mejor del crecimiento verdadero del animal, es necesario utilizar el denominado peso del cuerpo vacío (PCV) , el cuál es el peso vivo menos, peso del contenido gastrointestinal al momento del sacrificio. Sin embargo, aún con este ajuste al peso vivo del animal, no se llega a determinar el crecimiento verdadero porque existen otros factores que impactan en el rendimiento de la canal, como son la piel, cabeza, patas, grasa visceral y sangre del animal, para tener una medición más exacta del crecimiento del animal, y Wagner et al. (1999) por su parte, definen el peso del cuerpo vacío como la suma del peso de la canal caliente, la piel, la cabeza, la sangre, las vísceras rojas y verdes después de eliminar su contenido.

Por su parte (Boogs y Merkel, 1979), establecen que el porcentaje de rendimiento varía con el tipo, grado y condición del ganado vacuno y que las vacas lecheras tienen rendimientos de canal menores a 45%, mientras que los novillos engordados alcanzan más del 65% del rendimiento. Estos autores concluyen que tres son los factores importantes que influyen en el rendimiento de la canal por un animal vivo; el primero el ya discutido llenado del tracto gastrointestinal; el segundo el grado de terminado o engordado del animal, ya que el porcentaje se incrementa con el nivel de engrasado; y el tercero el peso de la piel del animal. Con respecto a este último factor, la medición que ha realizado Núñez - González a través de al menos 10 años, en el concurso del novillo gordo de la Feria Ganadera del Estado de Chihuahua ha observado que en novillos terminados de entre 500 y 600 kg de distintas razas de ganado vacuno para carne la piel varió entre el 7 y el 11 % del peso vivo, independientemente de la raza, pero relacionada con líneas especificas en las distintas razas, sin embargo, la heredabilidad de este rasgo o atributo de los animales no se conoce y los genetistas y mejoradores de animales generalmente no consideran el peso de la piel en la selección de animales, a pesar del impacto que puede tener en el rendimiento de la canal de animales terminados, a un peso vivo al sacrificio.

Asimismo, existen estudios para estimar el peso del cuerpo vacío, con el peso de la canal caliente, por medio de modelos matemáticos tanto en cerdos (Shields, et al. 1983) como en ganado vacuno productor de carne Owens et al. (1995)

Medidas del cuerpo del animal en vivo.

Las medidas corporales tomadas en los animales en vivo algunas son lineales y otras son circunferencias. Las medidas lineales reflejan principalmente el crecimiento de los huesos largos del animal y se han utilizado como predictores del peso vivo del animal y de la composición de la canal, principalmente en ganado vacuno, pero Fisher (1975a), establece, que existe un gran problema los errores que afectan la medición de las medidas corporales, errores como: la identificación correcta y localización de los puntos de referencia de las medidas lineales; la distorsión anatómica producida por el animal cuando cambia su posición o postura, el cambio en el tono de los músculos y el error que se comete en la medición en cualesquier posición.

La precisión de una medida depende en si refleja el tamaño de las unidades esqueléticas únicamente o es el reflejo del desarrollo de los tejidos suaves únicamente. La secuencia de la reducción en precisión va de la medición esquelética, de la esquelética más tejidos blandos y finalmente de los tejidos blandos, además como los animales son muy variables en forma y tamaño, generalmente las medidas corporales, no se pueden utilizar como predictores precisos del peso del animal. Lawrence y Fowler, (2002).

Ultrasonido.

El uso del ultrasonido en la industria de la producción animal se empezó a probar en los años cincuenta del siglo pasado, con un solo cristal lo que lo hacía modo A o sea para medir la profundidad en un solo punto, haciendo el papel de la regla utilizada para medir la grasa dorsal de cerdos en vivo o sea al principio se utilizó para la medición de la grasa subcutánea como indicador del grado de engrasado en cerdos, más tarde durante el desarrollo de la técnica del ultrasonido aparte de la grasa, se inició la medida la profundidad del músculo longissimus dorsi como indicador del grado de musculado (Stouffer y Liu, 1995).

La industria de la producción animal esperó hasta 1984, año en se introdujo el equipo de ultrasonido en tiempo real para su uso en la producción animal y la evaluación de animales en vivo, para empezar un programa acelerado de posibles aplicaciones de esta técnica, ya que este equipo de ultrasonido, tiene un transductor con un gran número de elementos posicionados en línea, que son encendidos secuencialmente 30 veces por segundo, lo que produce una excelente imagen transversal completa del músculo largo dorsal (Longissimus dorsi), produce medidas precisas y repetitivas, y fue hecho portátil para su utilización en condiciones de campo y ofrecer medidas precisas del grosor de la grasa dorsal y el área del ojo de la costilla principalmente en ganado vacuno de carne.

Stouffer, et al. (1961) Sugirieron que otros sitios aparte de la región dorsal del animal, se podrían utilizar sitios como el hombro del animal, pero esto depende de desarrollar la técnica de medición con ultrasonido adecuada, para estimar con una alta precisión el grosor de la grasa del hombro, poder predecir en animales en vivo con más precisión el rendimiento de la canal. Los mismos autores expresaron que las desviaciones en los datos generados por el ultrasonido se deben a la localización del sitio de prueba, la presión que se ejerza sobre la piel del animal con el transductor, los cambios en la velocidad de tomado de la imagen, el cambio en la posición del animal y el tono del músculo entre los períodos en que se realiza el escaneo con el ultrasonido y además agregan a todo lo anterior, que la interpretación de las imágenes del ultrasonido por el técnico es una fuente grande de variación, por lo que (Stouffer y Liu, 1995) indican que la tecnología del ultrasonido en tiempo real y la computación para capturar y realizar la interpretación y el análisis de las imágenes se deben combinar y desarrollar programas para remover el juzgamiento del humano (técnico) y (Kempster, et al. 1982) agregan que, cualquiera que considere aplicaciones particulares del ultrasonido, debe incorporar disección de canales en sus trabajos para establecer directamente la precisión y costo–efectividad de la técnica antes de que realice una fuerte inversión en equipo.

Pero, con que confiabilidad se puede predecir con el ultrasonido, el músculo que él animal en vivo a depositado, y por lo tanto la proporción que puede esperada de este en la canal, ya que, como es conocido en los cerdos la profundidad de la grasa dorsal está íntimamente correlacionada con la composición de la canal, por lo cual algunos países, han trabajado diversas técnicas para predecir la proporción de magra que tienen estos animales en vivo. Así en Holanda, se desarrolló un sistema basado en él ultrasonido para clasificar cerdos en vivo bajo condiciones de campo, utilizando medidas múltiples de la grasa dorsal, y no una sola, el cual al ser evaluada su precisión, mostró que tiene una predicción buena de la proporción del músculo (carne magra) en los cerdos que ellos sacrifican, por lo cual se puede volver de uso común por la industria porcícola de ese país Hulsegge, et al. (2000), este mismo autor (Hulssegge, et al. 1999), en un trabajo previo especifica que en cerdos vivos el punto medio de los mismos está situado al nivel de los ¾ de la última costilla y la medición se debe realizar a 5 cm de la línea media dorsal, pero también encontró que la precisión de la predicción en la proporción de magra en canales de cerdos se redujo cuando el punto de medición del última costilla se movió 4 cm y luego se incrementó a 18 cm de la última costilla, entonces el sitio de medición es importante. Además, ya había concluido en 1997, que no es factible operar un sistema de gradificación de canales de cerdos con ultrasonido basado en medidas tomadas 45 minutos postmortem, Hulsegge y Merkus (1997). Trabajando con canales de vacunos, (Griffin, et al. 1999), también concluyeron que el ultrasonido tiene una aplicación muy limitada en sala de sacrificio, pero que tiene una gran precisión si se mide el área y grosor de la grasa dorsal en el canal frío.

Pero cuando se trabaja otras especies como la ovina los resultados obtenidos por los investigadores no son consistentes, así, por ejemplo, trabajando con corderos Suffolk y Dorset de entre 36 y 54 kg de peso vivo (Thériault,et al. 2009) encontraron que las medidas con ultrasonido, de la profundidad total de tejido y la profundidad de grasa dorsal, están muy relacionadas con las medidas correspondientes tomadas en la canal y concluyen que la medida con ultrasonido de la profundidad total del músculo es muy promisoria especialmente para sistemas de gradificación de corderos se basan en esta medida corporal, mientras que (Silva et al. 2006) concluyen que el potencial de uso como predictores de todas las medidas de grasa subcutánea y el músculo obtenidas con ultrasonido es muy alto en ovejas, porque se obtuvieron valores de r2 de entre 0.54 y 0.98; $P < 0.01$, obteniendo la mejor predicción con un transductor de 7.5 MHZ y las medidas de ultrasonido combinados con el peso vivo del animal, sin embargo (Ripoll, et al. 2009), en corderos Temasco de 8.0 a 12. 5 kg de peso de la canal encontraron que todas las medidas de la profundidad de músculo en cualquier localización ó a cualquier distancia de la columna vertebral fueron menores que su equivalente medido en la canal fría, encontrando diferencias de entre 0.8 a 5.9 mm.

En el desarrollo del uso del ultrasonido por la industria de la carne, otros autores, han realizado evaluaciones de equipo que combina el ultrasonido con imágenes de video (Fortin et al. 2003) y encontraron que tienen buena aplicación en la industria, por que dan datos confiables y son equipos muy estables, ellos probaron uno que tiene dos componentes un ultrasonido en tiempo real para dar el área del músculo largo dorsal (lomo) y una imagen de video de la canal de dos o tres dimensiones y encontraron que ofrece una mejora sustancial, con respecto a los sensores que hoy utiliza la industria

Sin embargo, no podemos olvidar que, aunque los equipos de ultra sonido modernos usan imágenes en una escala de grises o color que indican los niveles relativos de los ecos que se observan de los principales tejidos y son una herramienta práctica, útil y portátil, su uso tiene serias limitaciones en la producción animal, porque depende para su precisión en la relación existente entre pequeñas secciones del cuerpo animal y la composición total de la canal Además, aunque el ultrasonido ha estado disponible por varios años, y es un técnica estándar muy avanzada para el diagnóstico de varias enfermedades o estados fisiológicos en humanos, no existe un instrumento construido específicamente para animales que incorpore la capacidad de los utilizados en la medicina humana, Kempster, et al. (1982).

De lo anteriormente mencionado, se puede concluir que es necesario continuar desarrollando el uso del ultrasonido en actividades de producción animal, y como concluyen Stouffer y Liu (1995), las aplicaciones principales del ultrasonido en tiempo real seguirá siendo para la medición del grosor de la grasa dorsal y el área del ojo de la costilla y por escaneo de animales en vivo o sus canales, y se avanzar a la determinación de la grasa intermuscular. Además, expresan que la tecnología de ultrasonido entiempo real para su uso en la producción animal continuará desarrollándose en la mejora de la calidad de las imágenes y su interpretación con programas computacionales que hagan más precisas y confiables la medidas obtenidas con el ultrasonido

Evaluación visual de la conformación de un animal en vivo.

Muchos sistemas para evaluar el ganado de abasto vacuno, ovejas o y cerdos calificar el grado de terminado de los animales o sus canales están basados en la evaluación visual. Pero la evaluación visual tiene errores y por lo tanto es de un valor limitado, como se discutirá en el siguiente capítulo. Además se intenta estimar su peso vivo por la forma y tamaño.

El grado de repetición de los valores de una evaluación o clasificación visual es muy reducido en y entre evaluadores. Sin embargo, con un entrenamiento adecuado se pueden reducir bastante los errores de evaluación de animales de abasto, porque en la evaluación visual la experiencia es indispensable para realizar un buen trabajo.

El entrenamiento en discernir la condición corporal de un animal, es muy útil para tratar de predecir la composición corporal, especialmente en el grado de terminado o contenido de tejido adiposo. Así, en un animal en condición tres, los apófisis transversos de las vertebras de la columna pueden ser únicamente sentidos si presionamos firmemente en él lomo del animal , y las áreas a cada lado de la inserción de la cola muestran alguna grasa, cuando el animal es de condición cuatro, los apófisis transversos no se sienten ni presionando firmemente el lomo y la grasa en la cola empieza a desvanecer su punto de inserción se ve ligeramente cóncava y se toca suave al tacto, en el nivel corporal cinco, la estructura ósea del animal ya no es observada y por palpación no se sienten las costillas, la inserción de la cola se encuentra desvanecida porque está completamente cubierta de tejido adiposo Lawman, et al. (1976)

Consideraciones para medir el crecimiento de animales en experimentos.

Como el objetivo principal de la investigación en producción de carne es proveer información para la planeación dentro de la producción, el procesado, el mercadeo de animales y como músculo de calidad debe ser producido, sacrificado, cortado y vendido más eficientemente (Carroll , (1976). El primer problema, que nos encontramos para definir el crecimiento y composición corporal de un animal es cuando sacrificarlo, por supuesto esto se tiene que definir para especies productoras de carne específicas como vacunos, ovinos, cerdos o aves y tiene que ser para un mercado específico.

Una vez definido el peso al sacrificio de los animales, existen varias alternativas, que el sacrificio de los animales, se puede realizar con base en: terminado estimado constante (subjetivo, con bastante error experimental, inadecuado para terminar un experimento), edad constante (no tiene error involucrado en la medición, se conoce la fecha del sacrificio por adelantado y se puede planear el experimento fácilmente. Se puede utilizar para la comparación de razas, con una nutrición constante controlada, pero en animales en pastoreo la variación en la disponibilidad de forraje puede dar lugar a diferencias considerables en el peso vivo a una edad constante y hacer este método una forma inadecuada de terminar los experimentos), peso constante (se requiere pesar frecuentemente los animales, se tiene una idea de en qué fecha será el sacrificio, se utiliza con diferentes niveles nutricionales, cuando se conocer que tanto alimento y tiempo será necesario para alcanzar cierto terminado o peso vivo), peso vivo como proporción del peso maduro o peso al nacimiento (se utiliza en comparaciones de razas, sacrificando a un peso vivo que sea proporcional al peso maduro, con animales sacrificados en un estado de desarrollo fisiológico similar, también se puede sacrificar al peso vivo proporcional al del nacimiento y es más fácil tener el peso al nacimiento para las distintas razas que el peso a la madurez) Carroll, (1976). La evaluación que se hace de un número limitado de características, se puede explicar porque la evaluación de los criterios más importantes o interesantes es cara, consume mucho tiempo y es compleja para la mayoría de los investigadores para intentarlo rutinariamente, entonces es obvio que en un experimento de producción de carne no es posible medir todas las características de la canal o las características de la carne. Además, los investigadores de diferentes países deben estar en concordancia en métodos comunes de muestreo y evaluación, Dumont (1976).

Sacrificio en serie.

Por otra parte como el porcentaje de grasa en la canal se incrementa a medida que la eficiencia alimenticia decrece con el incremento del peso de la canal y las razas interactúan con la variación en la tasa del desarrollo fisiológico, es conveniente considerar sacrificar los animales en serie de tal forma que las interacciones puedan ser medidas adecuadamente. En experimentos de sacrificio en serie los resultados pueden ser analizados por regresión y la información de un punto de sacrificio es sumada por la información de otros puntos de sacrificio. Debido a esto, no se necesita un gran incremento en el número de animales para la comparación principal. Sin embargo, si ocurren interacciones importantes, y existe la necesidad de medirlas en forma precisa como las diferencias principales, entonces un incremento en el número de animales puede ser necesario. Además, aunque se piense que el trabajo de disección es muy caro, información muy útil puede perderse si el investigador no es capaz de conseguir el dinero para cubrir el costo de realizar las disecciones de las canales de sus experimentos Carroll (1976).

Finalmente, con los datos obtenidos con la producción, sacrificio y disección de animales, es posible tener excelentes resultados, especialmente si como asevera (Agudelo- Gómez, et al. 2008), para medir el crecimiento animal se utilizan diferentes modelos matemáticos lineales o no lineales, eligiéndolos por su bondad de ajuste y la facilidad de interpretación biológica de sus parámetros.

CAPÍTULO IX

EVALUACIÓN EN VIVO DE LOS ANIMALES PARA ABASTO

Introducción.

La problemática en la industria de la carne en los países en desarrollo, se resume en una baja productividad, baja rentabilidad, poca integración y ninguna diferenciación en el precio de los animales y la carne que producen de acuerdo con su calidad, rendimiento y características.

El desconocimiento entre los eslabones de la cadenas de la producción pecuaria representan una limitante para el desarrollo de la mismas, al no conocer con exactitud las características y exigencias del consumidor, el productor se ve afectado en su sistema y costos de producción, la calidad de la carne que produce, políticas de precio y estrategias de distribución. A este panorama se le debe agregar la falta de normatividad clara, por lo que las instituciones gubernamentales que regulan el precio y calidad de la carne se ven imposibilitadas para fijar precios de acuerdo a la calidad del producto.

Entonces, es necesario caracterizar los sistemas de producción existentes, conocer la composición del animal en vivo y la canal especialmente de los bovinos y ovinos que son sacrificados, para proponer y validar un sistema de clasificación que segregue los distintos animales y canales que se producen de acuerdo con sus características de calidad.

Así, la mayoría de las investigaciones en ciencia de la carne se han orientado al estudio de la influencia del peso al sacrificio, sexo conformación, nutrición, raza y edad evaluando su influencia sobre el tamaño corporal, composición y calidad de canales (Berg y Butterfield, 1979). Aunque hoy en día no hay un método simple que sea aplicable a todas las situaciones para medir y predecir la composición de una canal, las variaciones en la composición de la carne de los animales está afectada por la variación en el método de crianza, producción, manejo y prácticas de mercado (Hedrick, 1983)

Entonces, es muy importante para la industria cárnica conocer las expectativas que tienen tanto los productores como los consumidores acerca de la carne que se obtiene bajo las condiciones de producción que se desarrollan actualmente. Por lo que se requiere conocer la calidad específica del producto mediante la segregación (clasificación) de los distintos tipos de canales de bovino y ovino que se producen y llegan al mercado.

Evaluación en vivo de animales.

La búsqueda de indicadores precisos de la composición de un animal en vivo y la canal que producirá al sacrificio es un proceso continuo que ha tenido poco éxito hasta la fecha, porque las técnicas prácticas de evaluación de animales que puedan hacer posible seguir los cambios en composición de los mismos durante su crecimiento sin la necesidad de sacrificarlos son escasas y tienen grandes limitaciones.

Lo anterior a pesar que una evaluación en vivo precisa de animales productores de carne, con la finalidad de seleccionar los animales más deseables para mercados específicos, es de gran beneficio para los productores, ya que pueden seleccionar los animales pié de cría que los hagan competitivos en la industria pecuaria, ya que los animales de abasto son vendidos con base a su peso vivo en la mayoría de los países del mundo.

Entonces las técnicas de la evaluación en vivo de los animales de abasto se tienen que realizar de tal manera se estimen las diferencias en composición de los animales, incluyendo lo que se denomina quinto cuarto, que son las partes del animal que no van en la canal, pero afectan el rendimiento de peso vivo a canal, partes como la piel, la cabeza, las patas y las vísceras, ya que un incremento en cualesquiera de ellas, reduce el rendimiento de la canal.

Forma y tamaño.

El concepto de qué forma debe tener un animal ideal productor de carne ha pasado a través de una gran evolución con el correr de los años ,sin embargo, la meta continúa siendo producir una canal con una alta proporción de músculo, un óptimo aceptable de grasa y un mínimo de hueso Harrington, (1971). Pero, entonces que evaluar en el animal en vivo listo para el mercado, Berg y Butterfield (1976) exponen que la distribución muscular es muy constante en todas las especies de animales domésticos utilizados en la producción animal, por lo cual para evaluar un animal de abasto en vivo hay que concentrarse en el músculo y (Harrington, 1971) agrega qué evaluar el grado de musculado puede ser muy ventajosos para evaluar animales en vivo, aunque en la canal del animal su grosor tiene también una gran influencia el grado de engrasado del animal. En el caso del ganado vacuno productor de carne la proporción de músculo maduro - hueso tiene un rango promedio en la de 4 a 1, pero varía hasta 7 a 1 en el ganado doble músculo y los promotores de crecimiento que se utilizan en la industria pecuaria, afectan la deposición del músculo (hipertrofia) alterando el rango promedio esperado en los animales normales. Por otra parte, los animales de talla grande son de maduración tardía y los de talla pequeña de maduración temprana, así una edad cronológica similar, los animales de talla grande, son fisiológicamente más jóvenes que los animales de talla pequeña y estos últimos tienen un porcentaje más alto de grasa que los de maduración tardía. Pero además, si las comparaciones entre este tipo de animales se realizan a pesos vivos similares, los animales de maduración tardía son más jóvenes y magros que los de maduración temprana cuales son más maduros y en grasados, Kempster, 1982). Por estas razones, Berg y Butterfield (1976) concluyen que en general las mediciones se realizan a los animales en vivo, tienen un escaso valor para la predicción de la composición de la canal, por lo que se hace necesario ser muy cautelosos en cambiar la forma o dimensiones del animal con la esperanza de mejorar la composición de la canal.

Requisitos para evaluar a los animales de abasto.

los animales de abasto en la práctica cotidiana son en realidad evaluados o juzgados en vivo por los operarios o técnicos de los corrales de engorda al llegar y al finalizar su período de engorda para tratar de estimar el tipo y características de mérito que tendrá la canal que producirán, por lo tanto, uno de los elementos para tener éxito en la producción de carne depende de la habilidad que se tenga para seleccionar animales que sean buenos para la engorda. Por lo anterior, el conocimiento de los patrones normales que se esperan en el crecimiento y distribución particularmente del músculo y la grasa y conocer como esos patrones pueden ser alterados con la alimentación, genética o manejo pueden extender el rango de aplicación de cualesquier técnica exitosa de predicción de la composición corporal, (Berg y Butterfield, 1976), sin perder de vista que tipo de animales son los útiles y redituables al productor, en el sistema de producción que esté utilizando.

Para evaluar animales de abasto es necesario tener el deseo de conocer la especie de animal que se va evaluar, tener una imagen mental de la estructura de un animal de calidad (Figuras,9.1,9.2) y el tipo ideal de animal que se requiere para surtir el mercado específico de la zona de producción, o si es un mercado regional, nacional o internacional, por el tipo de canales que requieren esos mercados, que como se discute en el capítulo 10 varían de país a país por los gustos de los consumidores.

Figura 9.1, Conformación corporal de un cerdo de abasto de calidad (imagen ideal).

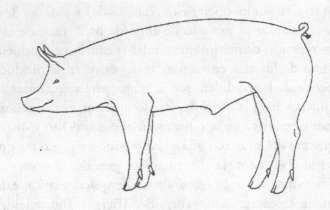

Figura 9.2. Novillo de conformación corporal ideal para novillo de abasto, con nivel de musculado bueno antes de iniciar el período de engorda.

El evaluador además debe tener un buen poder de observación para detectar las diferencias que existan en los animales por pequeñas que estas sean, tanto en el nivel de musculado como en el de terminado (grado de engrasado) (Figura 9.3).

La persona que desea entrenarse en la selección y evaluación de animales, ya sea para abasto o pié de cría, deberá también entrenarse en evaluación de canales, ya toma un tiempo largo e infinidad de repeticiones evaluando animales y canales para entrenar la vista y acostumbrar a la mente a tener los patrones imaginarios para seleccionar los animales que producirán las mejores canales. Es muy útil tener bases de anatomía topográfica, conocimiento de la estructura de los animales, la importancia relativa de las partes del animal de donde se obtienen los cortes más caros en el sistema de clasificación de canales que se utiliza en el país, porque así se puede visualizar si el animal tiene un buen o mal desarrollo muscular o un terminado (nivel de engrasado) deficiente o excesivo para el mercado.

Los mejores jueces para la selección de animales entonces para ser buenos, tendrán que adquirir bastante experiencia, por medio de la evaluación de un gran número de animales en vivo y los canales que producen, para lograr tener éxito en la selección del tipo de ganado de carne que se sacrifica.

Figura 9.3. Ovino de abasto con puntos de referencia marcado, para estimar el grado de engrasado.

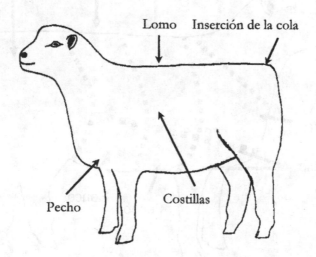

En los animales de abasto se debe evaluar el valor del animal desde un punto de vista comercial y reconocer tenga un balance deseable en el desarrollo, ya que en animales de abasto el cuarto posterior es más importante que el cuarto anterior y que producen canales de muy buena calidad cuando tienen un desarrollo muscular excelente en ambos cuartos delantero y trasero. Además debe conocer cuáles son los cortes de mayor precio en el mercado, para una mejor evaluación (Figura 9.4).

La experiencia del autor le indica, que debe mencionar que es necesario que el evaluador recuerde algunos factores importantes cuando se está evaluando animales de abasto, ya que estos factores influencian el rendimiento de la canal y estos son: observar bien el llenado del tracto gastrointestinal, grado de musculado, el grado de terminado (engrasado) y obtener el peso y porcentaje de piel del animal cuando este se sacrifique.

Figura 9.4. Cordero en vivo con los cortes de la canal marcados como referencia de evaluación comercial.

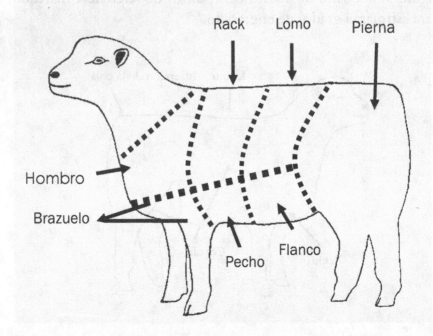

Finalmente, el animal debe ser considerado como un todo, en lugar de un gran número de partes separadas. Sin embargo el autor desarrolló formatos de evaluación de animales de abasto, con fines de entrenamiento de los productores y público en general que asiste a los concursos del novillo gordo y cordero gordo de la Feria Ganadera (Expogan) de la Ciudad de Chihuahua, para facilitarles la interpretación de lo que el juez evalúa en estos animales engordados (Figuras. 9.5, 9.6).

Termino este capítulo con la aseveración de (Berg y Butterfield, 1976) en el sentido que la evaluación visual tradicional o juzgamiento de ambos animal en vivo y las canales estarán gradualmente dando paso a la tecnología y a métodos objetivos de evaluación, con lo que se podrá determinar la composición del cuerpo del animal vivo o de las canales con cualquier nivel deseado de precisión.

Figura 9.5. Formato para evaluar en vivo, corderos gordos (de abasto) con referencias numéricas ponderadas para las partes más caras del animal cuando éste se sacrifica.

CALIFICACIÓN DEL CORDERO GORDO

PROPIETARIO _____ No. _____

EN PIE — CONFORMACIÓN

			PUNTAJE ASIGNADO	SUB-TOTAL	TOTAL
POSTERIOR	NALGA	1.50			
	PIERNA	2.25			
	LOMO	2.50			
	COSTILLAS	0.75			

			PUNTAJE ASIGNADO	SUB-TOTAL	TOTAL
ANTERIOR	PECHO	0.25			
	CUELLO	0.25			
	PIERNA	1.00			
	HOMBRO	1.50			

CALIFICACIÓN EN PIE [   ]

EN CANAL

			PUNTAJE ASIGNADO	SUB-TOTAL	TOTAL
RENDIMIENTO 30%	PIE – CANAL	75			
	MERMA	25			

			PUNTAJE ASIGNADO	SUB-TOTAL	TOTAL
CONFORMACIÓN 40%	CUARTO POSTERIOR	70			
	CUARTO ANTERIOR	30			

			PUNTAJE ASIGNADO	SUB-TOTAL	TOTAL
CALIDAD 30%	GRASA DORSAL	10			
	GRASA RENAL	5			
	AREA L. DORSAL	15			

CALIFICACIÓN EN CANAL [   ]

Figura 9.6. Formato para evaluar en vivo, novillos gordos (de abasto) con referencias numéricas ponderadas para las partes más caras del animal cuando se éste sacrifica.

CALIFICACION DEL NOVILLO GORDO

CATEGORIA: _____ PROPIETARIO _____ No. _____

E N P I E	C O N F O R M A C I O N			PUNTAJE ASIGNADO	SUB TOTAL	TOTAL X 10
		POSTERIOR 5	NALGA	0.75		
			PIERNA	1.75		
			LOMO	1.75		
			COSTILLAS	0.75		
		ANTERIOR 2	PECHO	0.25		
			CUELLO	0.25		
			PIERNA	0.75		
			HOMBRO	0.75		
		ACABADO	PASADO	1.5 - 2.0		
			APROPIADO	2.1 - 3.0		
			BAJO	0.5 - 1.0		

CALIFICACIÓN EN PIE [   ]

E N C A N A L			PUNTAJE ASIGNADO	SUB TOTAL	TOTAL X 10
	RENDIMIENTO 30%	PIE-CANAL	75		
		MERMA	25		
	CONFORMACION 20%	CUARTO POSTERIOR	65		
		CUARTO ANTERIOR	35		
	CALIDAD 50%	GRASA DORSAL	15		
		GRASA RENAL	5		
		AREA DORSAL	15		
		MARMOLEO	15		

CALIFICACION EN CANAL [   ]

CAPÍTULO X

EVALUACIÓN DE CANALES

JOSÉ ARTURO GARCÍA MACÍAS y OLGA GARCÍA RODRÍGUEZ

Introducción.

La evaluación de canales a través del tiempo ha sido siempre un tema polémico, ya que para algunos es un incentivo para la producción animal, para otros es solo un molesto método de castigar su producto. Tal vez por esto mismo hay que reconocer que la implementación de este sistema en México no ha tenido la aceptación que algunos productores desean, primero debido a que, lamentablemente se ha tratado de calcar al cien por ciento la clasificación de modelos como el de los Estados Unidos de América (EE.UU.), lo cual nos indica un completo desconocimiento del mercado de la carne en nuestro país, ya que la genética del ganado, el manejo al que se somete y los aspectos nutricionales, entre otros factores. Por otro lado el consumidor mexicano no se parecen en prácticamente nada al comprador norteamericano y el mercado norteamericano es diferente al mexicano, esto solo para citar un ejemplo porque lo mismo podemos decir del mercado Sudamericano o del Európeo.

Es por esto que si queremos llegar a un modelo en donde la clasificación de canales sea un autentico incentivo a la producción pecuaria de México, tendremos que llegar a realizar la investigación necesaria para poder establecer un método de clasificación adecuado para nuestro país, al respecto ya existe alguna información dispersa por todo la república, por grupos como los de la Universidad Autónoma de Hidalgo, la Universidad Autónoma de Sinaloa, la Universidad Autónoma de Chihuahua, el INIFAP, la Universidad Juárez del Estado de Oaxaca, entre otras instituciones.

Es así que el presente capítulo trata de realizar una comparación de los diferentes modelos que siguen países como los EE.UU., Canadá, la Comunidad Económica Europea y algunos otros países de fuerte tradición en la producción cárnica con impacto a nivel globalizado y como estos influencian a otros países, sin embargo al ser el sistema del USDA el que más influencia el comercio internación de la carne, nos referiremos con especial énfasis a este.

Utilidad de la evaluación.

De acuerdo con Kempster et al. (1982), La evaluación de canales es sumamente importante en toda la cadena del mercado de la carne, desde el productor primario hasta el consumidor, por ejemplo este último es el indicador para el comerciante detallista sobre cuáles son sus necesidades y preferencias, ya sea el tamaño, apariencia o bien la composición del corte, con esto el comerciante puede estimar la porción comestible de cada canal.

Históricamente la evaluación de canales se ha basado en el tamaño y la forma, así, por tal razón durante cientos de años la evaluación visual fue el único medio para señalar las diferencias entre animales con el consecuente impacto en el mejoramiento animal. Por lo que la búsqueda de la verdad universal en el crecimiento animal ha influenciado de manera importante en muchos investigadores que trabajan en el área de evaluación de canales.

Las tres preguntas que más comúnmente se hacen los productores y los mercados de la carne son:

¿Para qué sirve la evaluación?

¿Que tan necesaria es?

¿Se paga?

Aunque estas preguntas son difíciles de responder, probablemente para el comercializador la calificación y clasificación de canales son sumamente necesarias, esto para poder establecer un lenguaje común de compra-venta de canales, cortes primarios o bien cortes al menudeo, ya que facilitaría de forma sustancial el poder enviar o recibir mercancía de diferentes puntos geográficos dentro de un mismo país o bien del extranjero, que benéfico para el mercado sería así, el que regiones en la que se incluye México pudiera vender carne a Costa Rica, solo indicando la clasificación de las canales buscadas, teniendo el comprador, la certeza de recibir solo lo que desea, optimizando así sus ganancias al poder ofrecer a sus consumidores lo que ellos están solicitando, teniendo una mínima proporción de recortes no deseados.

O bien que el introductor de carne de Bolivia pueda proveer de producto a su similar de Ecuador, solo con indicar que calidad de carne y rendimientos desean para poder surtir a su mercado, esto aunque suene utópico es factible de lograr si se estableciera una clasificación de canales, pero de acuerdo a las necesidades de México, desde el punto de vista del consumidor y el productor, pasando por los diferentes intermediarios.

Para esto comenzaremos señalando las diferencias entre Calificación y Clasificación.

Calificación o Gradificación. Es una descripción de canales en grados desde el más alto (calidad selecta) hasta el más bajo (deshuese), conteniendo un diferencial de precios entre los mismos.

Clasificación. Es un método estándar de describir prácticamente las características de la canal (Rendimientos) que son de interés para las personas involucradas en el mercado del ganado y canales.

Llegamos así al punto de que se debe de incluir un sistema de clasificación en este caso de bovino a la cual se debe de considerar:

1. Tener un balance entre simplicidad y precisión.

2. Poder ser tan objetivo como sea posible.

3. Poder ser aplicado a canales calientes en la línea de sacrificio.

4. Tener capacidad de separar los canales de acuerdo a criterios de significancia económica tangibles, cuando éstos se corten y se vende carne.

5. Poder ser transformados a grados o especificaciones de compra, a través de los cuales los vendedores puedan pedir sus requisitos individuales de mercado y dar precios a los mismos. Aunque el sistema de clasificación por sí mismo sea puramente descriptivo.

Los parámetros que deben de estar relacionados son la calidad de la canal y la calidad de la carne, así tendríamos que considerar entonces:

a) Peso

b) Sexo

c) Madurez o edad

d) Grasa subcutánea y de riñón

e) Conformación

f) Marmoleo

g) Color de músculo y grasa

h) Textura

i) Largo del canal

j) Área del ojo de la costilla

k) Firmeza

l) Jugosidad

Algunos sistemas utilizan todos los parámetros, otros menos, en todo caso la comunicación es importante. La clasificación en estas circunstancias es inevitablemente basada en el peso, sexo, edad, nivel de grasa y conformación; parámetros que de alguna manera contribuyen a predecir variaciones en las características de la carne, la cantidad de carne vendible y su distribución a través de la canal. Un sistema de calificación no debe ser ni muy complicado ni muy sencillo y debe considerar bastantes parámetros, quedando lo suficientemente claro para evitar interpretaciones arbitrarias.

Para una mejor interpretación y comprensión de los diferentes modelos de calificación y clasificación me permito exponer algunos modelos de Canadá y EE.UU., estos por ser junto con México socios comerciales y miembros del Tratado de Libre Comercio de Norteamérica.

Calificación y clasificación de canales de bovino.

Canadá. De acuerdo con la Agencia Canadiense de Clasificación de la Carne (CBGA, de sus siglas en inglés Canadian Beef Grading Agency) organismo que fue creado ex- profeso para proporcionar servicios de clasificación de canales, cuenta con la acreditación de la Agencia Canadiense de Inspección de Alimentos (CFIA de sus siglas en inglés Canadian Food Inspection Agency) el objetivo de esto, es regular que la clasificaciones se realice de acuerdo con los estándares nacionales determinados en el Reglamento de Clasificación de Canales de Ganado y Aves, la cual especifica que una canal sólo puede ser clasificada después de haber sido inspeccionada y recibido el sello de inspección sanitaria de la carne, que indica que la canal satisface todos los requisitos que el gobierno marca como necesarios en el tema de seguridad de la carne.

Este sistema de clasificaciones se basa en un sistema estandarizado de medición para diferenciar los canales y fijar su clase con características uniformes, y así apoyar de manera confiable y estándar la fijación de precios de las canales en relación a la calidad y rendimiento de la carne. Para lograr este objetivo la CBGA señala que todos los evaluadores deben de cumplir un exhaustivo programa de capacitación, después de lo cual y en su caso de acreditarlo estos evaluadores son certificados.

De acuerdo con la CBGA, la clasificación de canales busca relacionar esta gradificación con la aceptación del consumidor y la calidad del producto en el plato, entre los factores considerados por este organismo están: El marmoleo, debido a la apariencia contrastante que se presenta entre el magro y las venas blancas de la grasa intramuscular. La madurez de la canal, aunque esto es controlado desde el punto de vista de que solo se clasifican animales jóvenes. El color rojo brillante es el único color permitido dentro de los animales clasificados, si el tono cambia a rojo-café debido al estrés, esta carne ya no puede ser considerada dentro de los primeros cuatro niveles de clasificación. El color de la grasa debe de ser blanco ya que tonos amarillos no se permiten dentro de este sistema de clasificación

La textura de la carne debe de ser firme ya que solo esto se permite dentro de los cuatro niveles de gradificación. Finalmente la musculatura de la canal solo se permite buena o excelente, ya que cualquier variación no es permitida.

Cuadro 10.1.- Grados de calidad de acuerdo con el sistema de clasificación de Canadá.

Grado	Madurez	Musculatura	Musculatura del ojo de la costilla	Marmoleo	Color de la grasa y textura	Grasa subcutánea
Primera	Juvenil	Buena o excelente	Firme y rojo brillante	Ligeramente abundante	Blanca y firme	2 mm o más
AAA	Juvenil	Buena o excelente	Firme y rojo brillante	Poco	Blanca y firme	2 mm o más
AA	Juvenil	Buena o excelente	Firme y rojo brillante	Escaso	Blanca y firme	2 mm o más
A	Juvenil	Buena o excelente	Firme y rojo brillante	Trazas	Blanca y firme	2 mm o más
B1	Juvenil	Buena o excelente	Firme y rojo brillante	Sin requerimiento	Blanca y firme	Menos de 2 mm
B2	Juvenil	De inadecuada a excelente	Rojo brillante	Sin requerimiento	Amarilla	Sin requerimiento
B3	Juvenil	De inadecuada a buena	Rojo brillante	Sin requerimiento	Blanca o ámbar	Sin requerimiento
B4	Juvenil	Inadecuada a excelente	Rojo obscuro	Sin requerimiento	Sin requerimiento	Sin requerimiento
D1	Maduro	Excelente	Sin requerimiento	Sin requerimiento	Sin requerimiento	Menos de 15 mm
D2	Maduro	Media a excelente	Sin requerimiento	Sin requerimiento	Sin requerimiento	Menos de 15 mm
D3	Maduro	Inadecuada	Sin requerimiento	Sin requerimiento	Sin requerimiento	Menos de 15 mm
D4	Maduro	Inadecuada a excelente	Sin requerimiento	Sin requerimiento	Sin requerimiento	15 mm o más
E	Juvenil o maduro	Masculinidad marcada				

Cuadro 10.2.- Estándar Canadiense de clasificación de canales excelentes (Junio 2006).

Grado	Marmoleo	Madurez	Color de la carne	Color de la grasa	Musculatura	Textura
Primera	Ligeramente abundante	Juvenil	Rojo brillante	Blanca	Buena musculatura o mejor	Firme
AAA	Poco	Juvenil	Rojo brillante	Blanca	Buena musculatura o mejor	Firme
AA	Escaso	Juvenil	Rojo brillante	Blanca	Buena musculatura o mejor	Firme
A	Trazas	Juvenil	Rojo brillante	Blanca	Buena musculatura o mejor	Firme

Para este grupo considerado como el tope de la calidad para Canadá se emplea para identificarlo el siguiente grupo de etiquetas (Figura 10.1).

Figura 10.1 Etiqueta empleadas para identificar las canales de clasificación: Primera, AAA, AA y A, en Canadá.

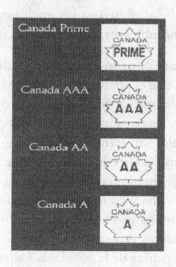

Grados de clasificación. La escala de clasificación de canales que Canadá tiene como estándar se presenta en el Cuadro 10.1. Por otro lado tenemos en el Cuadro 10.2, el estándar canadiense de grados de calidad, para los considerados como canales excelentes, estos son los primeros cuatro grupos, solo que Canadá señala con más detalle las características que ellos desean de las canales.

Estados Unidos de Norteamérica (E.U A.). Tal vez uno de los mercados más importantes a nivel internacional sea el de los EE.UU., ya que desde el punto de vista de consumidor tienen un estándar de calidad que puede ser considerado como alto ya que incluye blandura, jugosidad y sabor, además al ser tradicionalmente altos consumidores · de carne por lo que la demanda en cantidad también es elevada, dentro de esta calidad exigida por los consumidores y considerada dentro del sistema de clasificación de este país están el marmoleo o jaspeado y el grado de madurez como base de esta gradificación, la cual está regulada por el Departamento de Agricultura de los EE.UU. (USDA, de sus siglas en inglés United States Department of Agriculture).

Consecuentemente hubo una presión muy fuerte para que se basaran los grados de clasificación con criterios que se creía estaban relacionadas con la calidad del consumo; particularmente Marmoleo y Madurez, y estructurar los mismos de tal manera que únicamente la carne considerada de alta calidad obtuviera los grados o calificaciones altas a los cuales se les daría nombres atractivos para el consumidor.

Graduación de calidad. Ningún sistema de graduación de canales ha tenido más influencia que el establecido para bovinos en EE.UU., este país tiene una gran industria ganadera basada en grandes hatos de vacas de carne que producen becerros bajo condiciones de pastoreo, una gran proporción de los cuales son terminados en engorda. El pensamiento tradicional que siempre ha determinado la estructura del esquema de clasificación, a pesar de innumerables cambios en detalles, ha sido que la obtención de una buena y constante satisfacción de consumo de la carne requiere de animales jóvenes, con buen marmoleo de la carne magra y evidencia a través de conformación, de que el animal es de una raza que se espera provea de la gustosidad adecuada, si el animal se alimenta correctamente (Owen, 1984).

La graduación es llevada a cabo en canales fríos cuarteados, donde se observa la sección transversal del músculo largo dorsal y la grasa externa que lo cubre, mientras que la madurez se estima por la condición y color de los huesos y la carne magra. El esquema asume que la carne de animales viejos tendrá menos aceptación de consumo que la de los animales jóvenes, a menos que tenga más marmoleo de grasa para compensar. El uso común de sistemas de alimentación de alta energía del ganado vacuno permite obtener niveles altos de marmoleo, así como un crecimiento rápido de los animales, así el término "Calidad" está asociado con niveles altos de deposición de grasa externa. Por otra parte la conformación cuando se usa puede únicamente reducir el grado preliminar determinado por marmoleo y madurez pero no puede mejorarlo.

Los tres primeros grados de calidad del sistema americano son el PRIME (primera o extra), el segundo es el CHOICE (selecto o escogido) y el tercero el GOOD (bueno), sin embargo desde el principio PRIME fue muy alto en grasa (34-35%), para la mayoría de los consumidores domésticos y tendió a ser reservado para restaurantes caros, así el grado CHOICE ha sido siempre el principal grado al menudeo (el 80-85% de los canales caen es este grado); además la selección de nombres ha probado ser particularmente aceptada, ya que el término CHOICE es altamente atractivo para las amas de casa. Al respecto Perth et al. (1999), en un trabajo sobre el sistema de clasificación de canales del sistema USDA, encontró que la distribución de las 5,542 canales muestreadas fue de la siguiente manera, el 1.1% fueron primera, 50.0% selecto, 43.8% escogido y solo el 5.1 no clasificaron. Los otros niveles de clasificación son: STANDARD (Estándar), COMMERCIAL (Comercial), UTILITY (Utilidad) y CUTTER (Desecho).

La mayoría de los cambios propuestos a través de los años han sido hacia la reducción del marmoleo a un nivel dado de madurez y disminución y eventualmente eliminación de la importancia en conformación. Así tenemos para iniciar que el grado de marmoleo esta subdividido en cien sub-unidades, sin embargo para facilitar el proceso se toma como base se determina en grados, de acuerdo a como se presenta en el Cuadro 10.3.

Cuadro 10.3.- Grados de marmoleo de acuerdo al sistema de los E.U.A.

Grado	Puntuación de marmoleo
Primera +	Abundante $^{00\text{-}100}$
Primera °	Moderadamente Abundante $^{00\text{-}100}$
Primera -	Ligeramente Abundante $^{00\text{-}100}$
Selecto +	Moderado $^{00\text{-}100}$
Selecto °	Modesto $^{00\text{-}100}$
Selecto -	Poco $^{00\text{-}100}$
Escogido +	Pequeño $^{50\text{-}100}$
Escogido -	Leve $^{00\text{-}49}$
Estándar +	Trazas $^{34\text{-}100}$
Estándar °	Prácticamente desprovisto $^{67\text{-}100}$ a Trazas $^{00\text{-}33}$
Estándar -	Prácticamente desprovisto $^{00\text{-}66}$

Además de considerarse el marmoleo del área del ojo de la costilla (Foto 10.1), también se observa la firmeza de los músculos los cuales deben de ser de textura fina ya que esto es una característica deseable, así como el color contrastante del rojo cereza del músculo con la blancura de la grasa. Con lo que respecta a la madurez y como es sabido en la producción animal, esta variable se relaciona con la madurez fisiológica del animal y no a la cronológica.

Para su determinación se toma en cuenta las características del hueso, la osificación de los cartílagos, el color y la textura del músculo del ojo de la costilla (Del inglés ribeye), Al incrementarse la edad del animal, el cartílago se convierte en hueso, el magro se oscurece y la textura se torna más gruesa, sin embargo el cartílago y el hueso son cruciales en la determinación de la madurez, esto debido a que el color y la textura son afectados por múltiples factores *ante mortem* y *post mortem*.

Foto 10.1.- Grados de marmoleo de acuerdo con el sistema USDA.

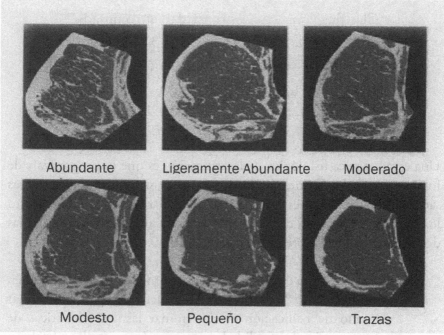

El cartílago (Botones) en donde se realiza la gradificación de la madurez son los localizados a lo largo de la columna vertebral en la zona dorsal de la apófisis espinosa a excepción de las vértebras cervicales (Cuello), de esta manera los cartílagos empleados son desde la zona dorsal y hasta la sacra. Foto 10.1.- Grados de marmoleo de acuerdo con el sistema USDA De esta manera tenemos que entre más joven es el animal los botones son más marcados y suaves, condición que disminuye paulatinamente a medida que el animal se torna más viejo, así se hace evidente que en la clasificación va de A a la E a medida que se hace más evidente la osificación (Cuadro 10.4), por su parte las costillas si el bovino es joven estas son redondas y rojas, mientras que a medida que se incrementa la madurez fisiológica estas se tornan planas y menos rojas y por lo general son más blancas debido a que dejaron de producir glóbulos rojos.

Cuadro 10.4.- Gradificación de madurez de la canal de acuerdo al sistema de clasificación de los E.U.A.

Clasificación	Edad aproximada
A	9 a 30 meses.
B	30 a 42 meses.
C	42 a 72 meses.
D	72 a 96 meses.
E	> 96 meses

Una característica fisiológica de la osificación es que es progresiva y de forma posterior-anterior, por lo que primero se osifican las vértebras sacras, luego las lumbares y por último las torácicas, de acuerdo con esto los E.U.A. clasifican las canales en las ya mencionadas cinco categorías de acuerdo a como se presenta en el Cuadro 10.5.

A. Así, este sistema de clasificación norteamericano señala también que al momento de clasificación una buena guía para determinar el grado de osificación es determinar las. características de color, porosidad y facilidad de separación. entre las vértebras, para esto dentro de los cinco niveles se debe de considerar lo siguiente: Rojo, poroso y fácil separación.

B. Ligero color rojo y separación un poco fácil.

C. Teñido de rojo y ligeramente difícil de separación.

D. Ligero color blanco, moderadamente difícil de separar.

E. Blanco, sin poros y muy difícil separación.

Este sistema también recomienda verificar las características de las costillas, para lo cual señala que para ser considerado dentro de sus cinco niveles de clasificación las costillas deberán de ser:

A. Pequeña y ovalada

B. Un poco ancha y ligeramente plana

C. Muy poco ancha y moderadamente plana

D. Moderadamente ancha y plana

E. Ancha y plana

Cuadro 10.5.- Osificación de la columna vertebral de acuerdo al sistema de clasificación de la canal de los E.U.A.

Vertebras	Grado de madurez				
	A	B	C	D	E
Sacras	Completamente separadas	Completamente fundido	Completamente fundido	Completamente fundido	Completamente fundido
Lumbares	Sin osificación	Casi completamente osificada	Completamente osificada	Completamente osificada	Completamente osificada
Torácicas	Sin osificación	Algunas osificación	Parcialmente osificada	Osificación considerable (esquemas de botones todavía son visibles)	Extensa osificación (esquemas de botones son apenas visibles)
Botones Torácicos	0-10 %	10-35 %	35-70 %	70-90 %	> 90 %

Con la información obtenida de marmoleo, madurez y calidad de la canal se puede realizar la clasificación de canales tal y como se presenta en la Figura 10.2.

Otras variables consideradas como de calidad por los E.U.A. en la clasificación de canales, son las de color y textura del magro, ya que a medida que el animal incrementa su edad el color se torna más obscuro y la textura es más gruesa, esta clasificación aparece en el Cuadro 10.6.

Grados de rendimiento de la carne de bovino. Tal vez el cambio más importante en el sistema de clasificación de canales en los E.U.A. se dio en 1962 ya que los altos costos condujeron a la introducción del grado de rendimiento, el cual fue designado para separar las canales por rendimiento de los cortes, el objetivo de este punto es estimar en la canal la cantidad de carne contenida en la misma sobre todo en aquellos cortes de alto valor económico, como son la pierna posterior, lomo, costilla y la paleta. Sin embargo se deben de considerar el rendimiento total de los cortes pequeños. Esta clasificación toma en cuenta el Peso de la canal, espesor de la grasa dorsal, área del músculo largo dorsal a nivel de la 12-13a costilla y porcentaje de grasa peri renal y del corazón en la canal.

Para el caso de las canales clasificadas como Grado de Rendimiento 1 (YG, del inglés Yield Grade) son aquellas con la mayor cantidad de carne deshuesada, o bien con mejores cantidades de cortes al menudeo lo cual proporciona mejores ganancias, por el contrario una YG 5 seria aquella canal con las menores cantidades de carne deshuesada, con más recorte o con mínima capacidad para ser cortes al consumidor. Así la clasificación USDA para este punto, va de 1 que es el valor más alto a 5 que representa el valor más bajo de rendimiento de la canal, tal y como se presenta en el Cuadro 10.7.

Figura 10.2.- Clasificación de canales de acuerdo al sistema USDA*.

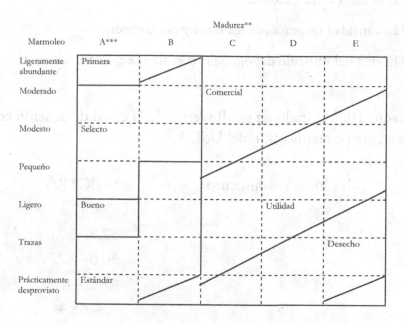

* Suponiendo que la firmeza del magro esta adecuadamente desarrollada con el grado de marmoleo y el color de la canal no es obscuro.

** La madurez se incrementa de A hasta E.

Cuadro 10.6.- Color y textura del magro en la clasificación de USDA.

Madurez	Color del magro	Textura del magro
A	Rojo cereza	Muy Fino
B	Rojo cereza ligeramente obscuro	Fino
C	Rojo ligeramente obscuro	Moderadamente fino
D	Rojo ligeramente obscuro a rojo obscuro	Un poco grueso
E	Rojo obscuro a rojo obscuro intenso	Grueso

Grado de rendimiento asignado a las canales por la evaluación de:

1.- La cantidad de grasa de cubierta de la canal (subcutánea).

2.- Peso de la canal caliente.

3.- La cantidad de grasa pélvica renal y del corazón.

4.- El área del músculo del ojo de la costilla (*Longissimus dorsi*).

Cuadro 10.7.- Grado de rendimiento de la canal de acuerdo con el sistema de clasificación del USDA.

Grado de rendimiento	% BCTRC
1	> 52.3
2	52.3 - 50.0
3	50.0 - 47.7
4	47.7 - 45.4
5	< 45.4

BCTRC: Porcentaje de carne deshuesada o cortes al menudeo.

Esta evaluación se lleva a cabo a nivel de la 12ª costilla, midiendo el espesor de la grasa a tres cuartas partes de la longitud del músculo *Longissimus dorsi*, en relación a la parte media de la canal, tal y como se muestra en la Figura 10.3, mientras que el peso de la canal es el obtenido inmediatamente después del sacrificio y antes de ingresar a los cuartos de pre-enfriado, por otro lado la cantidad de grasa pélvica renal y del corazón es evaluada subjetivamente y es expresada como un porcentaje del peso de la canal, por lo general va de 2 a 4 por ciento, finalmente el área del músculo del ojo de la costilla es determinado midiendo con una redecilla de puntos y colocada sobre este músculo en el corte realizado para determinar el espesor de grasa dorsal (entre la 12ª y 13ª costilla, Figura 10.4), los puntos son contados y se determina el área en pulgadas cuadradas.

Figura 10.3.- Medida del espesor de grasa dorsal a nivel de la 12ª costilla de acuerdo con el método de clasificación de los E.U.A

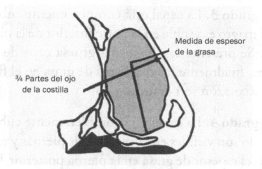

¾ Partes del ojo de la costilla

Medida de espesor de la grasa

Figura 10.4.- Medida del área del ojo de la costilla (*Longissimus dorsi*) a nivel de la 12ª costilla de acuerdo con el método de clasificación de los E.U.A.

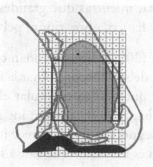

Para una mejor comprensión de lo anterior, existe una serie de ejemplos que a continuación se presentan:

Rendimiento grado 1. La canal cuenta con una fina y uniforme cubierta de grasa sobre el lomo y las costillas, existen ligeros depósitos de grasa en las regiones del flanco, el abdomen o la ubre, los riñones, pelvis y el corazón, por lo general se presentan finas capas de grasa sobre las piernas anterior y posterior.

Rendimiento grado 2. La canal esta casi completamente cubierta de grasa, pero el magro es visible ligeramente en el área de la pierna posterior, cuello y perna anterior. Generalmente presenta una capa fina de grasa por la parte interior de la pierna posterior, lomo y costillas con una gruesa capa de grasa sobre la grupa y el lomo.

Rendimiento grado 3. La canal está completamente cubierta de grasa, sin embargo el magro es visible en la parte inferior de la pierna posterior y en el cuello. Se presenta también una gruesa capa de grasa sobre el lomo y la grupa, finalmente los depósitos de grasa en el flanco, zona de la ubre, riñón y corazón son grandes.

Rendimiento grado 4. La canal está completamente cubierta de grasa, los músculos solo son visibles en la caña de las piernas y en la región del flanco, Además el espesor de grasa en la pierna posterior, lomo y costilla moderadamente gruesa, sin embrago la grasa que cubre el lomo y el sirloin es gruesa, mientras que la grasa de las regiones de riñón, pélvica, flanco, ubre y corazón es gruesa.

Rendimiento grado 5. La canal está completamente cubierta con una gruesa capa de grasa, mientras que grandes depósitos de grasa se encuentran en el pecho, flanco, ubre, riñón, pelvis y corazón.

Finalmente Hueth et al. (2007), Recomiendan que el actual sistema de clasificación del USDA, deberá de encaminar la investigación hacia tres puntos principales si es que desean estimular el mercado de la carne, estos son: primero evaluar periódicamente los grados de clasificación esto para actualizarlos, segundo aunque parece improbable el empaque en las empresas también es un factor que causa sesgo en la clasificación y tercero los evaluadores requieren un continuo entrenamiento para evitar los sesgos.

Comunidad Económica Europea (CEE). Graduación de calidad en Europa, la clasificación de canales busca un mercado de la carne mejor organizado, para relacionar los precios en vivo del animal con el valor al sacrificio, para permitir que el pago a los productores sea hecho en base a peso de la canal y grado de la misma y para estimular la reorientación de la producción hacia los requisitos del mercado.

Así la CEE durante los últimos 50 años ha estado trabajando en diseñar, desarrollar e implementar un sistema de clasificación por país, que ante la integración de una comunidad económica única, fue necesario replantear esta situación, debiendo implementar una referencia de parámetros técnicos, que tuviera la capacidad de agrupar todas las condiciones particulares de sus miembros, en donde el objetivo buscado es el de lograr un marco general, en donde todos hablaran el mismo idioma, así que tanto comerciantes, productores o intermediarios pueden realizar negocios entre países de Europa o del mundo.

Así nace el sistema de clasificación SEUROP, el cual sirve para todos aquellos participantes en la cadena de comercialización de la carne, este sistema es evaluado periódicamente por los países miembros de la CEE, cabe hacer mención que este sistema exige cada vez más una mayor cantidad de magro a sus socios comerciales como el mercado asiático o el mismo europeo.

Aquí cabe hacer mención del sistema Meat Livestock Commission (MLC), de Inglaterra basa la separación de los canales en el porcentaje de grasa, ya que el porcentaje total de grasa en la canal está relacionado con la cantidad de grasa recortada comercialmente dentro de un sistema de cortes. El sistema MLC también define conformación como forma, esto es el grosor del músculo, más grasa en relación al tamaño del esqueleto, en lugar de la muscularidad o cantidad de magro preferido en el resto de Europa donde el ganado tiene niveles más bajos de grasa.

Conformación modelo SEUROP.

El modelo SEUROP divide a las canales en seis grupos de la siguiente manera:

S / Superior

E / Excelente

U / Muy Buena

R / Buena

O / Menos Buena

P / Mediocre

En la categoría Superior tenemos que las canales deben de tener las siguientes características:

➢ El perfil de la canal debe de ser extremadamente convexa; que incluye un desarrollo muscular excepcional con dobles músculos.

➢ La pierna posterior debe de ser extremadamente abultada, dobles músculos con hendiduras visiblemente separadas.

➢ Con lo que respecta al lomo, se considerará dentro de esta clasificación aquellos animales que lo posean muy ancho y muy grueso hasta la altura de la pierna anterior.

➢ Mientras que la pierna anterior o espalda que es como se maneja, debe ser extremadamente abultada.

➢ La parte interna de la pierna posterior se debe de extender de manera excepcional sobre la sínfisis de la pelvis.

➢ Finalmente la cadera estará muy abultada

Para el caso de las canales que sean clasificadas en la categoría Excelente, deben de contar con:

➢ Todos los perfiles deberán de ser convexos, con un desarrollo muscular muy bueno y marcado.

➢ La pierna posterior muy gruesa (abultada).

➢ Por su parte el lomo será ancho y muy grueso hasta la altura de la pierna anterior.

➢ La pierna anterior será muy abultada.

➢ La cara interna de la pierna posterior se extiende ampliamente sobre la sínfisis de la pelvis.

➢ En esta categoría la cadera estará muy abultada.

Las canales que sean clasificadas en la categoría Buena, deben de ser:

➢ La canal contará con un conjunto de perfiles rectilíneos, con un buen desarrollo muscular.

➢ La pierna posterior contará con un buen desarrollo muscular.

➢ A su vez el lomo se conserva aún grueso, ligeramente menos ancho a la altura de la pierna anterior.

➢ La espalda tendrá un bastante buen desarrollo muscular.

➢ Mientras que la cara interna de la pierna posterior y la cadera están ligeramente abultadas.

Las canales que sean clasificadas en la categoría Menos Buena, deben de tener:

➢ Sus perfiles pueden ir de rectilíneos a cóncavos con un desarrollo muscular medio.

➢ La pierna posterior con desarrollo medio.

➢ El lomo se presenta de grosor medio.

➢ La pierna anterior cuenta con un desarrollo medio siendo casi plana.

➢ Y la cadera es rectilínea.

Finalmente las canales que sean clasificadas en la categoría de Mediocre, deben de ser:

➢ Absolutamente todos los perfiles de la canal están en el rango de cóncavos a muy cóncavos con un pobre desarrollo muscular.

➢ La pierna posterior presenta poco desarrollo muscular.

➢ El lomo es estrecho, resaltando los huesos por debajo del músculo.

➢ La pierna anterior es completamente plana, apreciándose los huesos.

Estas clasificaciones también están ligadas al rendimiento del magro de la canal tal y como se presenta en el Cuadro 10.8. Dentro de la CEE un caso a resaltar es el de Holanda, en el cual se realiza una clasificación de las terneras dentro del sistema SEUROP.

Cuadro 10.8.- Rendimiento en magro de la canal de acuerdo con el sistema de clasificación de la CEE.

		Sistema de Clasificación Uniforme SEUROP
	Clasificación	Rango de porcentaje de magro de la canal (%)
S	Superior	> 60
E	Excelente	55 < > 60
U	Muy Buena	50 < > 55
R	Buena	45 < > 50
O	Menos Buena	40 < > 45
P	Mediocre	< 40

Sin embargo las terneras se clasifican de acuerdo a criterios de calidad, conformación, color y cobertura de grasa, en 15 clases distintas, aunque en la práctica la clase S no se utiliza en estos animales, sin embargo, esta clasificación se presenta en el Cuadro 10. 9.

Cuadro 10. 9.- Clasificación de terneras en el mercado de Holanda.

	Carnosidad	Clase
E	Excelente	1 – 3
U	Muy Buena	4 – 6
R	Buena	7 – 9
O	Menos Buena	10 – 12
P	Mediocre	13 – 15

El segundo factor para determinar la clase esta dado por el color del magro, esto debido a que el consumidor de este país es muy exigente en este sentido, de hecho las clases de la 1 a la 10 se le otorgan a las terneras con coloración de canal de muy blanco al rosado, mientras que las numeraciones del 11 al 15, se otorga a canales con diferentes tonalidades del rosado.

Finalmente el tercer factor para decidir la clasificación de terneras en Holanda esta dado por el engrasamiento superficial de la canal, teniendo la siguiente escala: 1 es Escasa, 2 es Ligera, 3 es Regular, 4 es Bastante grasa y 5 Muy grasa.

Clasificación de canales de aves USDA.

USDA (2009), señala que al igual que en otras especies la clasificación por calidad de canales de aves es voluntaria para los productores o procesadores, sin embargo tiene un costo para los mismos, el responsable de esta clasificación es el organismo denominado Agricultural Marketing Service dependiente del USDA. Las canales son clasificadas en relación a los parámetros de blandura, jugosidad y sabor de la carne, se considera también la forma de la canal su carnosidad y que esté libre de defectos. Estos grados de calidad deben de aplicar para toda la nación, no importando donde se encuentre el consumidor, al mismo tiempo, el sello distintivo de que la canal fue clasificada oficialmente debe de ser visible para el comprador, al respecto la ley es muy clara al señalar que este sello no debe de inducir al error o tergiversar su contenido con el fin de causar confusión al consumidor.

Primero el USDA señala dos grados de clasificación, el primero es de Calidad (blandura, jugosidad y sabor) y el segundo de Rendimiento (cantidad de magro utilizable en la canal). Para las aves de corral los grados de calidad son A, B y C, la calidad A (Figura 10.) es la más alta y es la que llega al consumidor, este producto está libre de defectos como son, decoloración, moretones, y plumas. Las canales no tienen huesos rotos, la piel no tiene roturas que podrían causar mermas durante la cocción, además de tener una buena cobertura de grasa debajo de la piel, finalmente la canal debe de ser carnosa y con buena conformación, no existiendo grados de calidad para cuellos, puntas de las alas, colas o vísceras. Las canales clasificadas o sus piezas, pueden encontrarse congeladas en platos pre-cocinados, deshuesado, con o sin piel, etc., listos para su venta

Mientras que los grados B y C, por lo regular son aves que son empleadas para su transformación en productos como mortadelas, salchichas, etc.

Clasificación de canales de cerdos.

E.U.A. Los antecedentes de la clasificación de cerdos en los Estados Unidos de Norteamérica, datan de 1931, cuando dio inicio al procedimiento, aunque es en 1949 cuando la USDA propuso los grados de clasificación, claro que han sufrido modificaciones importantes como las de 1952, sin embargo en 1955 aparecen los grados 1, 2, etc., sin embargo la última gran revisión se implementó en 1985, la cual es la que regula el mercado actualmente. La clasificación de las canales de cerdo separa las canales en cinco categorías de la siguiente manera: Castrados, hembras de primer parto, hembra adulta, macho entero y semental.

Sin embargo, una característica importante en la clasificación de canales de cerdo que la diferencia de la de bovinos, es la que debido a lo distinto de los cortes, la mayoría de las medidas para calificación y clasificación se realiza con sondas especializadas como la Hennessy Grading Probe y el Fat-O-Meter, o por equipos automatizados como el Automatic Reflectance Probes, entre otros, sin embargo otras medidas básicas pueden realizarse sobre la línea media de la canal, ya que esta por lo regular ha sido separada en medias canales.

Esta última metodología es empleada aun en muchos rastros de los E.U.A., lo cual, no significa que en un futuro cercano no será sustituida por algún método automático, es así que los procedimientos de clasificación de canales de cerdos, es similar al empleado con bovinos, ya que se incluyen factores de calidad y rendimiento, como son: conformación y rendimiento de la canal, porcentaje de magro, marmoleo, espesor de grasa dorsal, etc.

Para el caso de castrados y hembras jóvenes se consideran cuatro cortes principales que son: pierna posterior (jamón del inglés ham), chuleta o lomo (del inglés loin), pierna anterior (paleta del inglés picnic shoulder) y la cabeza del lomo (del inglés Boston butt), además por lo general sólo se consideran dos grados de calidad que son aceptable o inaceptable, para lo cual se observa el magro expuesto en el corte de la media canal, esta evaluación incluye, firmeza de la grasa y magro, el contraste entre las costillas y el color de la carne, sin embargo el grosor del corte del tocino también deberá de considerarse. En el caso de tener acceso al músculo largo dorsal a nivel de la 10ª, costilla, se considerará el marmoleo, firmeza, color del magro, y el espesor de grasa deberá de ser al menos de 0.6 pulgadas. Los grados de rendimiento esperados se presentan en el Cuadro 10.10.

Cuadro 10.10.- Grados de rendimiento esperado de los cuatro cortes de la canal de cerdos de acuerdo con el sistema USDA, en base al peso de la canal fría.

Grado	Rendimiento %
U.S. No. 1	> 60.4
U.S. No. 2	57.4 a 60.3
U.S. No. 3	54.4 a 57.3
U.S. No. 4	< 54.4

En el caso de tomar como base el peso de la canal caliente deberá de restarse un uno por ciento del rendimiento estimado. En cuanto a la evaluación del magro existen tres categorías (CMC), grueso (3), promedio (2) y delgado (1). Por otra parte en cuanto al grado de calidad preliminar, esta se determina por la medida del espesor de grasa dorsal (EGD) a nivel de la última costilla (Cuadro 10.11)

Cuadro 10.11.- Grado de calidad preliminar de las canales de cerdo del USDA, de acuerdo con el espesor de grasa dorsal a nivel de la última costilla.

Grado preliminar	Espesor de grasa dorsal (Pulgadas)
U.S. No. 1	< 1.00
U.S. No. 2	1.00 a 1.24
U.S. No. 3	1.25 a 1.49
U.S. No. 4	> 1.50

Así la clasificación final de la canal se obtendrá al aplicar la siguiente fórmula:

Clasificación de la canal = (4.0 X EGD) (1.0 X CMC)

De acuerdo con el USDA el factor que más afecta el rendimiento es la grasa subcutánea, ya que a medida que esta aumenta disminuye el rendimiento de cortes magros, el segundo factor lógicamente es la cantidad de magro de la canal. Así tenemos que de acuerdo con la clasificación de los E.U.A., las características de cada categoría son:

U.S. No. 1. Aceptable calidad y cantidad de magro, con un rendimiento de los cuatro cortes del 60.4%, menos de una pulgada de espesor de grasa a nivel de la última costilla combinado con una muscularidad gruesa, no otorgándoseles este grado si no cumplen con alguna de estas características.

U.S. No. 2. Las canales de esta clasificación tienen una aceptable calidad de carne y grasa con un rendimiento de los cuatro cortes con un rango que va de 57.4 a 60.3 %, con un espesor de grasa dorsal a nivel de la última costilla de 1.00 a 1.24 pulgadas, sin embargo canales con muscularidad gruesa y espesor de grasa de más del promedio también pueden caer dentro de esta clasificación, además canales con musculatura media con espesor de grasa menor al promedio de esta categoría pueden ser clasificadas como número 2.

U.S. No. 3. Las canales clasificadas dentro de esta categoría deben de tener una aceptable calidad de magro, sin embargo tienen un espesor de grasa dorsal alto (1.25 a 1.49 pulgadas), el rendimiento de los cuatro cortes principales tiende a disminuir (54.4 a 57.3 %), la muscularidad tiende a ser delgada, aquí también estarán aquellas canales que a pesar de tener una buena cantidad de magro presenten un espesor de grasa alto (1.50 a 1.74 pulgadas), finalmente también se pueden incluir en esta categoría canales con muscularidad delgada y espesor de grasa entre 1.0 a 1.24.

U.S. No. 4. Las canales clasificadas como número 4 además de cumplir con el rendimiento de cortes señalado en el Cuadro 10. 10 y de grasa (Cuadro 10. 11), deben de tener una calidad de carne aceptable, también se incluyen canales con muscularidad promedio pero con 1.5

pulgadas de espesor de grasa dorsal o más a nivel de la última costilla, lo mismo aplica para aquellas con magro grueso pero con más de 1.75 pulgadas de espesor de grasa dorsal y finalmente se deben de incluir aquellas con muscularidad delgada pero con más de 1.25 pulgadas de espesor de grasa dorsal.

U.S. Utilidad. Serán clasificadas todas aquellas canales con calidad inaceptable del magro o en el caso de que la grasa del abdomen (Tocino) tenga un espesor inaceptable, independientemente de su grado de muscularidad o espesor de la grasa dorsal a nivel de la última costilla, incluyendo todos los canales que al tacto se sientan suaves o que presenten grasa aceitosa.

Por otra parte en el caso de cerdas adultas el sistema de clasificación cambia drásticamente ya que se basan en las diferencias en los rendimientos de los cortes magros y en la cantidad de grasa recortada, tomando en cuenta también las diferencias en calidad de las piezas. Los cuatro cortes principales ya mencionados deben de tener más del 48 % de rendimiento del peso de la canal, para ser considerados como U.S. No. 1, luego a medida que este rendimiento disminuye las canales pueden ser consideradas como No. 2 (De 45 a 48%), No.3, (< de 45%), etc., esto en relación con el espesor de grasa dorsal que se presenta en el Cuadro No. 10.12.

Cuadro 10.12.- Espesor de grasa dorsal a nivel de la última costilla en cerdas adultas y su clasificación de acuerdo con el sistema USDA.

Clasificación	Espesor de grasa dorsal (Pulgadas)
U.S. No. 1	1.5 a 1.9
U.S. No. 2	1.9 a 2.3
U.S. No. 3	> 2.3
Promedio	1.1 a 1.5
Desecho	< 1.1

Estos grados de calidad no aplican para aquellas canales de cerdas adultas que tengan falta de firmeza adecuada, que no tengan grasa intramuscular, ya que estos defectos se asocian a una baja gustosidad, en aquellos casos que el vientre del animal (Tocino) no cumpla con los requerimientos de calidad como son grasa suave debido a la dieta o bien que se encontrara amamantando a sus lechones poco antes del sacrificio, deberán de considerarse antes de otorgar el grado de clasificación.

Comunidad Económica Europea. La CEE trabaja desde hace más de 50 años en el diseño, desarrollo e implementación de un sistema de clasificación que cada país consideraba adecuado para sus necesidades particulares, sin embargo al unirse como una comunidad económica debieron emprender la tarea de unificar por medio de datos técnicos capaz de integrar las condiciones particulares de calidad y de mercadeo de cada país integrante. Siendo su objetivo establecer el marco dentro del cual se comercializaría la carne y sus productos, bajo una sola denominación estándar, en donde cada productor o intermediario, hablasen el mismo idioma.

Bajo esta premisa nace el modelo de clasificación SEUROP, el cual es un estándar internacional y no solo para Europa. Este modelo es revisado periódicamente por cada país, con la idea de mejorarlo y adecuarlo, ya que tanto la producción como el consumidor cambian continuamente. Este sistema de clasificación es obligatorio para porcinos desde el primero de enero de 1989 y su objetivo principal es la de predecir el contenido de magro de la canal, este sistema considera seis niveles tal y como se presenta en el Cuadro 10.13.

Cuadro 10.13.- Sistema de clasificación de canales de porcino de la CEE.

Tipo	Denominación	Rango de porcentaje de magro de la canal (%)
S	Superior	> 60
E	Excelente	55 – 60
U	Muy buena	50 – 55
R	Buena	45 – 50
O	Menos buena	40 – 45
P	Mediocre	< 40

Como se puede observar el modelo SEUROP, busca sobre todo la cantidad de magro, ya que esto es una tendencia mundial sobre todo para el mercado europeo y asiático con los cuales la CEE tiene importantes tratados comerciales.

Por otra parte este modelo tiene excepciones como es el caso de los cerdos ibéricos y sus cruzas, no aplica tampoco para rastros donde se sacrifican menos de 200 cerdos a la semana, rastros en donde se realiza el sacrificio y corte de las canales son en las mismas instalaciones y finalmente no se clasifican aquellos animales que fueron empleados como reproductores.

Calificación y clasificación de canales de ovino.

E.U.A. La calificación y clasificación de canales de ovinos no difiere mucho de las especies antes mencionadas ya que se considera; madurez, conformación y cubierta de grasa, esta clasificación inició en los E.U.A. en 1931, promulgando los estándares en 1941, sufriendo modificaciones en 1951, 1957, 1960, pero en 1969 se realizó la primera e importante modificación que fue la de agregar estándares de calidad a las ya existentes de rendimiento, este cambio fue el resultado de la investigación realizada por diferentes universidades, a solicitud expresa del USDA, los resultados de esta investigación proporcionaron información de que canales, con el mismo peso y clasificación, diferían mucho en cuanto a los rendimientos de cortes económicamente importantes, sobre todo a las diferencias en la cantidad de grasa de la canal. Para 1980, se designaron las diferencias de canales que pueden ser clasificadas como actualmente las conocemos, posteriormente en 1982 y 1992, se realizaron observaciones menores a la clasificación.

En el caso de los ovinos la USDA señala tres categorías de animales, estas son Cordero, Cordero de sobre año y adulto. La diferenciación por madurez, esta dado por el desarrollo de su musculatura y esqueleto, en el caso del cordero, estos tienen las costillas redondeadas con el centro rojizo, mientras que la musculatura es muy fina, los corderos de sobre año tienden a tener las costillas más planas y amplias, mientras que su centro es rojo obscuro y la textura del magro es más gruesa, finalmente los adultos tienen las costillas planas y anchas y la textura del magro es gruesa. Se debe de considerar también en los tres casos las articulaciones tanto su cartílago como su grado de osificación. Para los tres casos también se considera la edad de los animales ya que la clasificación la divide en primero corderos menores a 20 meses, segundo corderos para carne mayores a 20 meses estos últimos no pueden ser clasificados como de primera. En lo referente a los grados de clasificación tenemos que la norma señala cuatro grados de calidad para cada uno de los tres tipos de animales, los Corderos y Corderos de sobre año se les otorgan los de: Primera del inglés Prime, Escogido del inglés Choice, Bueno del inglés Good, Utilidad del inglés Utility, mientras que para los adultos además de estas cuatro se le agrega la de Desecho del inglés Cull. Con lo referente a las clases de rendimiento tenemos cinco grados aplicables, estas van del 1 al 5, siendo 1 el de mayor rendimiento o de cortes

Cuadro 10.14.- Grados de rendimiento estimados para ovinos y su relación con el espesor de grasa dorsal a nivel de la 12ª, costilla de acuerdo con el sistema USDA

Grado de Rendimiento	Espesor de grasa dorsal (Pulgadas)
1	0.0 a 0.15
2	0.16 a 0.25
3	0.26 a 0.35
4	0.36 a 0.45
5	> 0.46

La conformación se considera el largo de la canal en relación a su anchura. Mientras que la cubierta de grasa tiene un profunda división, ya que las categorías son nueve, estas serían: Abundante, Moderadamente abundante, Ligeramente abundante, Moderada, Modesta, Pequeña, Ligera, Trazas y Prácticamente desprovista. Con la combinación de madurez, conformación y cubierta de grasa se determina los grados de calidad. Por otra parte el grado de rendimiento considera el espesor de grasa dorsal (EGD) a nivel de la 12ª, costilla (Cuadro 10.14), con esta información se obtiene de la siguiente ecuación: Rendimiento = 0.4 + (10 X EGD) De esta manera para una mejor comprensión en la Figura 10.5, se presenta la clasificación de la canal, combinando la madurez con la cantidad de grasa.

Comunidad Económica Europea, Esta graduación de calidad y rendimiento de las canales de ovinos en Europa, es similar a la empleada por la USDA, sin embargo se divide por peso ya que los animales de más de 13 kilogramos se clasifican en función de la conformación EUROP, que ve a E = Buena a P = Mala, y por otra parte a su engrasamiento que empieza en 1 = Pobre a 5 = Grasosa, al respecto y de acuerdo con Sañudo *et al.* (2000), de acuerdo con el sistema de clasificación de ovinos de CEE, con cada grado de clasificación que se avanza, existe un aumento de 3% de grasa en el hombro, disminuye un 2% el músculo y el hueso disminuye un 1%, mientras que las características de calidad de la carne como son pH, capacidad de retención de agua, pérdidas por cocinado, jugosidad, color (L*, a* y b*), contenido de mioglobina, olor y sabor no se ven afectados por el grado de clasificación otorgado.

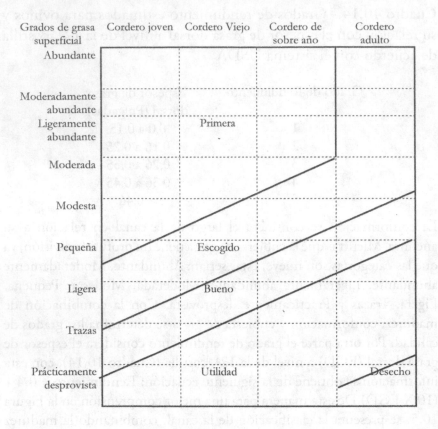

Figura 10.5.- Relación de grasa superficial, madurez y calidad en la clasificación de canales de ovino, de acuerdo con el sistema del USDA.

El otro sistema de clasificación empleado por los europeos, se da para los corderos de menos de 13 kilogramos, los cuales son muy típicos en la región del mediterráneo, así que las canales se dividen en tres grupos de acuerdo al peso, las A son de hasta 7.0 kg, las B son de 7.1 a 10.0 kg y las C van de 10.1 a 13.0 kg. Cada grupo de peso tiene dos categorías de calidad la 1 son de magro color rosa y con una cantidad de grasa de hasta 2 o 3, mientras que las de calidad 2 son de magro color rojo y una puntuación de grasa de uno (1) a cuatro (4).

Conclusión.

En realidad podemos seguir profundizando en la clasificación de canales de ovino, sin embargo seria redundante con lo ya expuesto en bovinos y cerdos, ya que como puede darse cuenta todos los sistemas de clasificación, ya sea de los E.U.A., Canadá, o la CEE, emplean las mismas referencias anatómicas para realizar este proceso, tal y como ha quedado demostrado en los ejemplos presentados en este documento.

Es así, que la clasificación de canales al realizarse correctamente aporta información para los criadores de ganado tal y como lo menciona Hickey et al. (2007), ya que en Irlanda se han estado estimando la heredabilidad y varianza fenotípica de: peso de la canal, conformación y engrasamiento de bovinos, esto en base a la toma de datos durante el sacrificio de los animales, y su clasificación con el modelo de la CEE, SEUROP, en total utilizaron 64,443 datos de ocho razas diferentes.

Mientras que García et al. (2008), reportan que el sistema de clasificación del USDA le ha permitido a la National Beef Quality Audit (2005) obtener una gran cantidad de información de las diferentes razas que conforman su hato ganadero, evaluando un total de 49,330 cabezas, generando datos que le permiten orientar su mercado de carne para beneficio tanto del productor como de los consumidores.

El futuro de la clasificación.

Que nos espera en la calificación y clasificación de canales, al respecto diferentes autores reportan datos interesantes que exponemos en los párrafos siguientes, ya que esta información nos permite visualizar el futuro a corto, mediano y largo plazo en este interesante tema.

Olsen et al. (2007), Señalan acertadamente que una pregunta frecuente que se realizan los actores que intervienen en el mercado de la carne es: ¿Como debería y a dónde va la clasificación de canales?, en realidad no hay una respuesta precisa, en todo caso esto dependerá de la cantidad de animales a clasificar, cuanto variará el magro y grasa en el futuro, si los requisitos serán menores o iguales, o bien el estímulo económico cambia con la clasificación.

Mientras que Long (2004), nos dice que los engordadores de ganado señalan que el empleo de la gradificación computarizada empleada para reducir la discrepancia entre los rastros pero sin un manejo centralizado causa más problemas que los que resuelve. Al respecto Alan Craig de ABP indica que la gradificación computarizada empleada para eliminar el elemento humano es más uniforme, sin embargo es recomendable que el equipo sea calibrado por una sola organización, esto con el objetivo de evitar la variabilidad. Al respecto Shackelford et al. (1998), señalan que el empleo de imágenes como medida para incrementar la precisión en la clasificación de canales es una medida confiable y fácil de aplicar. Harem *et al.* (2003), añaden que el potencial de emplear análisis de imágenes por computadora para determinar la madurez de la canal de acuerdo con el sistema del USDA, quedó demostrado al encontrar ellos una confiabilidad de hasta el 75% con este método. Adolfo et al. (2003), Añaden que al emplear el método de análisis de imágenes para determinar el peso y el rendimiento de cortes de bovino, fue confiable, sin embargo la elección de las ecuaciones a emplear pueden subestimar el contenido de magro de los cortes, aun así recomiendan su empleo pero con la condicionante de ampliar la investigación en esta área, para así poder aplicarlo a la industria.

Cannell et al. (1999), Reportan que al emplear el equipo denominado VIASCAN (de sus siglas en inglés Video Image Analysis) para predecir el rendimiento en canales de bovino encontraron que al combinarlo con el evaluador el grado de certeza en la predicción de este valor se incrementaba, aumentando también la velocidad de clasificación, sin embargo y a pesar de sus ventajas depende mucho de las ecuaciones de predicción con las que se alimente el equipo, lo cual lo puede convertir en un problema.

Por otro lado Collewet et al. (2005), reportan que la CEE en la búsqueda de métodos de clasificación de canales de cerdo que sean prácticos, rápidos, económicos y no invasivos, ha recurrido al método de resonancia magnética, que junto con el de rayos X y al de técnicas visuales completan los más comúnmente empleados, la eficiencia de la resonancia magnética quedó demostrada al evaluar un total de 120 canales, teniendo un error del 1.10%, lo cual lo convirtió en un método confiable, sin embargo los autores sugieren continuar realizando investigación en el empleo de esta tecnología. Al respecto Busk et al. (1999), señalan que el empleo del equipo llamado Autofom, para clasificar canales de cerdo en la línea de sacrificio, mostró ser eficiente, rápido (hasta 1,250 canales por hora), no invasivo, de bajo costo de mantenimiento, teniendo una confiabilidad del 99%, esto de acuerdo con el modelo de clasificación de la CEE.

El gradificador computarizado trabaja en base a la toma de una única imagen digital del costado de la canal y analizando este contorno y la conformación del cuarto posterior, mientras que el grado de engrasamiento se define en la misma imagen por el contraste del magro rojo y la grasa de cubierta de color blanco, el sistema funciona básicamente de la siguiente manera, la canal después de lavarse entra a un área con fondo azul y en donde dos aparatos proyectan luz creando el efecto conocido como Veneciano ciego, este es la alternancia de luz y oscuridad, en este momento la cámara toma la foto y la computadora analiza la imagen y la clasifica. El resultado de este proceso es que el análisis del equipo, clasifica la canal dentro de una de las categorías EUROP (1-5) (Long 2004).

El empleo de ultrasonido para determinar el grado de marmoleo en canales de bovino ha sido empleado en varias ocasiones, al comparar este equipo con la evaluación realizada por el ser humano, se llegó a la conclusión de que no existían diferencias importantes Brethour (1994), lo que implica que es factible de prescindir del probable error humano al momento de la clasificación, sin embargo se debe de considerare el costo de la inversión inicial para la adquisición del equipo y el entrenamiento del personal que lo empleará. Teixeira *et al.* (2008), agregan que la predicción de la composición de la canal así como los depósitos de grasa mejoraban al utilizar dentro de la ecuación el resultado del ultrasonido en combinación con el peso de la canal. Similar conclusión encontraron MacNeil y Northcutt (2008) que señalah que el empleo del ultrasonido en combinación con datos obtenidos durante el sacrificio, permite obtener datos confiables para realizar la selección de los progenitores con vistas a satisfacer el mercado.

Otro equipo propuesto para evaluación la realizan Shackelford ct al. (2005), al proponer la espectroscopia de infrarrojo cercano VISNIR (de sus siglas en inglés visible and near-infrared spectroscopy), para clasificar canales por blandura, ya que al compararlo con un panel entrenado encontraron que este equipo predijo correctamente las canales con más blandura, por lo que recomiendan su empleo en la línea de sacrificio. Al respecto Liu et al. (2003) y Rust et al. (2008), quienes emplearon el equipo de reflectancia infrarrojo NIR (de sus siglas en inglés near-infrared spectral reflectance system), los cuales encontraron en trabajos similares, que este equipo al emplearse en línea de sacrificio permitía una confiabilidad de clasificación de blandura del 96 y del 70% de confiabilidad, por lo que recomendaban su empleo.

Miguel et al. (2003) y Ruiz de Huidobro et al, (2003), señalan que a pesar de que la escala de clasificación de canales de ovino de la CEE es muy útil para la predicción de la composición del tejido, incluso en corderos lechales, su aplicación en el rastro es complicada, sin embargo, una propuesta de clasificación específica y simple para corderos lechales basada en un patrón fotográfico de tres niveles y con separación de 0.25 puntos es mejor.

Problemas.

Por otro lado tenemos investigadores que nos señalan que la calificación y clasificación de las canales se enfrentará a situaciones no previstas actualmente en los modelos empleados por los diferentes países, por lo que no comentar su información sería faltar a la verdad presentando solo información parcial, que pudiera crear una falsa idea sobre el tema de clasificación de canales.

Al respecto se dice que el sistema de graduación y la forma en que se construye en EE.UU. u otros países dentro de las prácticas de mercado de la industria, parece que han restringido la introducción de razas y sistemas de alimentación capaces de reducir el costo por unidad de carne magra producida. Como sería el caso de la famosa carne de animales Kuroge Wagyu (Vaca de piel negra), más conocida como carne Kobe esto último por ser el puerto japonés de donde se exporta, dicha carne por sus características de producción y de calidad estaría fuera de clasificación (Foto 10.2), en donde el grado de marmoleo en relación a la cantidad de grasa es muy elevado, sin embargo este tipo de carne es posible obtenerla a un precio aproximado de 300.00 euros el kilogramo (España).

Grona et al. (2002), Señalan que de acuerdo con un trabajo realizado por ellos, el sistema de clasificación del USDA, no responde a las necesidades actuales de gratificación siendo necesario una actualización y mejora en los criterios ya que actualmente no responde a las necesidades de los engordadores actuales, debido a los cambios en las líneas de producción sobre todo al fenotipo por el tamaño de los bovinos.

Foto 10.2.- Corte de lomo de bovino Kuroge Wagyu.

En Europa el esquema de clasificación es influenciado enormemente por la clase de ganado vacuno que se clasificará. Por ejemplo en Inglaterra la mayor parte de la carne al menudeo proviene de novillos y baquillas (2/3 novillos, 1/3 vaquillas), las vacas viejas y toros se venden para el mercado del procesado.

A nadie le gusta cambiar un sistema de trabajo, particularmente si La CEE, necesitaba el esquema para propósitos institucionales únicamente (reporte de precios y compras de intervención), mientras que los esquemas de países miembros tenían diferentes objetivos.

Hilton et al. (1998), propusieron un sistema de clasificación exclusivamente para vacas, dicha clasificación está basada en la gustosidad y color de la grasa de la canal, este trabajo implico un gran esfuerzo y es una clara señal de las tendencias modernas a dirigir la clasificación a la calidad de la canal enfocada a las preferencias del consumidor.

Díez et al. (2003) señalan la imperiosa necesidad de modificar el sistema SEUROP a una clasificación que incluya también canales más ligeras y no solo pesadas, esto debido a que el actual sistema de gradificación que emplea la Comunidad económica Europea no responde a las necesidades de todos los estados miembros, ya que por ejemplo en España, Portugal e Italia, el sacrificio de animales de peso ligero es muy común, esto trae como consecuencia que el error en gradificación por parte de los clasificadores certificados sea del 15% (George et al. 1996), sin embargo se considera que el actual sistema de clasificación sea más certero para animales entre los14 y 24 meses lo que ocasiona tendencias en el mercado.

El empleo de sondas de clasificación está ampliamente difundido, sobre todo las empleadas en porcinos, es así que Johnson *et al.* (2004), Empleando los equipos: Fat-O-Meater (FOM), Automated Ultrasonic System (AUS) y el Ultrafom (UFOM) para determinar el porcentaje de carne magra, y después de muestrear más de mil cerdos, llegaron a la conclusión que en el caso de canales de cerdos grasosos los equipos los sobre valúan y en el caso de cerdos magros los subvalúan, lo cual trae como consecuencia falta de precisión. Lo cual está confirmado por Gispert et al. (2000), que señalan que a pesar de que la clasificación de porcinos es obligatoria en España desde 1989, sin embargo en un trabajo de investigación al evaluar canales de cerdo con la sonda FOM (de sus siglas en inglés Fat O Meter), con los actuales modelos empleados, se subestima el magro en las razas modernas de cerdos, lo cual hace necesario emplear otros puntos de referencia como seria la grasa de la pierna posterior en esta especie, sin embargo esto no es factible con los equipos actuales.

Sin embargo Goenaga et al. (2008), empleando las sondas de clasificación Fat-O-Meter (FOM) y la Hennessy Grading Probe (HGP), no encontraron diferencias entre canales de machos y hembras tal y como lo señalan otros autores citados por estos investigadores, de hecho utilizan la base de datos y las ecuaciones de predicción de la CEE, con animales sacrificados en Argentina.

Otros trabajos de validación como el de McClure et al. (2003), encontraron que al evaluar el equipo análisis de imágenes de video denominado VCS2001 (E+V, Oranienburg, Alemania) para determinar el rendimiento de la canal de cerdos, el cual en su momento era de lo más avanzado, demostraron que los resultados no tenían más precisión que otros equipos ya existentes en el mercado, aun más, este no tenia valores de repetibilidad suficiente, por lo que lo convertía en tecnología poco confiable para la industria.

Otros trabajos como el de Garrett et al., ya en el año de 1992, empleando la zonda de clasificación Hennessy Grading Probe, para determinar el rendimiento de la canal de ovinos, advirtieron que se requería remover la grasa pélvica renal y determinar su porcentaje en relación a la canal, lo que implica trabajo extra y lo torna un método poco práctico.

A pesar de que Kvamea et al. (2004), señalan que empleo de la tomografía computarizada en la predicción del rendimiento de cortes de ovino es una oportunidad, ya que su trabajo demostró que este equipo es confiable, debido a que la información generada puede ser interpretada adecuadamente para dar al consumidor certeza de lo que se está adquiriendo, sin embargo para países como México y Latinoamérica esta tecnología sería cara y poco práctica para su aplicación en los rastros. Situación que se apoya en lo obtenido por Kongsro et al. (2009), que compararon diferentes sondas para la clasificación de canales de cerdo entre ellas la de tomografía computarizada, que resultó ser la más confiable, sin embargo este grupo de investigadores recomiendan el empleo de la sonda de reflectancia de luz visible, esto debido a que su costo de operación y simplicidad son mejores.

Wulf y Wise (1999), ya proponían un modelo de clasificación de color de canales de bovino, con el objetivo de mejorar la selección de canales desde el punto de vista del consumidor, dicha propuesta medía el color en los vectores triestímulos L*, a* y b*, que son medidas internacionales, sin embargo hasta el momento esto no ha prosperado porque implica agregar trabajo al faenado aumentando la complejidad de la clasificación.

Francisco Alfredo Núñez González

Sin embargo Hulsegge *et al.* (2001), encontraron que al utilizar un colorímetro Minolta CR 300, con el objetivo de clasificar canales de ovino por color, esto desde el punto de vista del consumidor, encontraron que el margen de fallo fue de entre el 41 y el 44 % en relación a la clasificación realizada por el personal entrenado para esto, sin embargo estos autores recomiendan su empleo, lo cual desde cualquier punto de vista es riesgoso debido al alto margen de error y como esto pude afectar el mercado de la carne fresca. Información contradictoria a lo expuesto la presentan Denoyelle y Berna (1999), que señalaron en su oportunidad que el empleo de colorímetros como el Minolta CR 300 y el CR310, tenían una confiabilidad del 87% en la selección de canales de bovinos por color, si estos se empleaban al final de la línea de sacrificio.

CAPÍTULO XI

PROSPECTIVA DEL ÁREA DE CRECIMIENTO ANIMAL

En los países en desarrollo el impacto de la explosión demográfica obligará a hacer más eficiente la producción animal, especialmente la de producción de carne y la investigación deberá ser apoyada para lograr resolver los problemas que se presenten por los cambios en el medio ambiente, por destrucción de bosques, destrucción de suelos, contaminación del agua, reducción de las áreas rurales de producción, y una mayor demanda de productos animales de calidad que necesitan ser producidos a precios accesibles al consumidor.

Por lo anterior, la investigación se centrará en áreas, como la nutrición y los sistemas de alimentación con nuevos aditivos que mejoren la digestión y absorción de los nutrientes, con creación de sistemas de producción más eficientes con menos desperdicio, menor desprendimiento de gases de invernadero y afectación del medio ambiente.

Otras áreas de investigación, se centrarán en los mecanismos que afectan o regulan el crecimiento posnatal de los animales a través de ajustes nutricionales de la madre y el animal mamífero no nato y los cambios genéticos que tengan efectos en el grado de deposición de grasa, especialmente de la deposición del tejido adiposos intermuscular (marmoleo) por lo que éste representa en términos de percepción de la calidad de la carne por el consumidor. Además, se tendrá que seguir trabajando en como modificar la deposición del tejido adiposo intermuscular, entendiendo cabalmente los procesos fisiológicos y bioquímicos involucrados en ello y tratando de alterarlos positivamente para producir lo que el consumidor demanda.

En general en el orbe, dos grandes áreas tendrán una gran expansión en la investigación futura en el crecimiento y desarrollo de los animales, el área genómica para identificar dentro del genoma de las especies de animales domésticos productores de carne, los genes que afectan la cantidad de músculo producido y genes de control de los atributos de calidad de la carne que el consumidor desea consumir. Por otra parte, la proteómica, ya que es necesario identificar y dilucidar el efecto de la expresión de proteínas específicas que afectan la fisiología y por lo tanto el crecimiento y desarrollo del animal, especialmente las que afectan el tejido muscular y el tejido adiposo intramuscular.

Entonces la investigación en el área de crecimiento también se enfocará a dar respuesta a como los distintos tejidos se comportan con la selección de genes para que se expresen con mayor frecuencia, genes seleccionados para mejorar la acumulación de músculo y la presencia de grasa intermuscular por una parte y que posibles cambios en los procesos fisiológicos y bioquímicos se causarán. Además, conjunto a esto es posible que se altere la expresión de proteínas especificas que controlan pasos fisiológicos específicos, aún desconocidos por los investigadores y que pueden causar una serie de problemas, que también será necesario resolver, para seguir incrementando la eficiencia de la producción de carne, manteniendo o mejorando los atributos de calidad de la carne de las distintas especies animales, de acuerdo con la percepción de del consumidor de un mercado específico o de un mercado global mediante la estandarización de las características de calidad de la carne que requieren ser satisfechas para los consumidores de los distintos países del orbe.

Por supuesto que, se continuará tratando de ajustar el conocimiento del crecimiento y desarrollo de los humanos generado en el área biomédica, en cuanto al músculo y enfermedades musculares, inmunología y otras áreas para buscar soluciones prácticas que se puedan incorporar a los sistemas de producción animal del futuro.

Finalmente, se tendrá que hacer un uso efectivo de la biotecnología, la genética, y nuevas estrategias de producción de carne de calidad, y como expresan (Lawrence y Fowler,2002) es importante considerar, que aunque es muy importante entender los principios básicos que subyacen en la ciencia, las ideas finales de un sistema de producción animal dependen del medio ambiente específico en que se realiza, el cual incluye cosas tan diversas como la tradición, la política, las finanzas, la habilidad técnica de la sociedad y las posibilidades de mercadeo del producto obtenido.

REFERENCIAS

Acosta-Sánchez, Dalia Cristina.2006. Respuesta productiva y características de la canal de cerdos alimentados con dietas adicionadas con un micromineral o un promotor de crecimiento. Tesis de Maestría. Universidad Autónoma de Chihuahua.

Adolfo G.T., E. Tinois., R. de Alencar y P. de Felício. 2003. Digital-image analysis to predict weight and yields of boneless sub primal beef cuts. Scientia Agricola, 60(2); 403-408.

Agudelo-Gómez, D.A., Cerón-Muñoz, M.F. Restrepo, L.L.F. 2008. Modelación de las funciones de crecimiento aplicado a la producción animal. Rev. Colomb. Cienc. Pecu. 21: 29–58.

AMI.2008. "The power of meat" an in depth look at meat through the shoppers' eyes. http: //www.meatconference.com/ht/a/ GetDocumentAction/i/9584.

Anderson, P.T., Bergen, W.G., Merkel, R.A. y Hawkins, D.R. 1988. The effects of dietary crude protein level on rate, efficiency and composition of gain of growing beef bulls. J. Anim. Sci. 66, 1990 -1996.

Anónimo. 2009. Enciclopedia de Historia del Mundo. Consultado. Enero 10 de 2009.

Anónimo. 1996. La Biblia. Dios Habla Hoy. Edición de Referencia. Tercera edición Sociedades Bíblicas Unidas. Impresa en Corea. ISBN 1-57697-075-2.

Anónimo. 2008. Normas Coránicas sobre la carne. Historiadores de la cocina. Grupo Gastronautas. Organización No Gubernamental.

Consultado octubre 17 de 2008. www.historia de la cocina.com/ colaboraciones / Corán /normas.htm.

Auckland, J.N. 1972. Compensatory growth in turkeys. Practical implications and limitations. World Poultry Sci. 291- 297.

Auckland, J.N. y T.R. Morris.1971. Compensatory growth after under nutrition in market turkeys: Effect of low protein feeding and realimentation on body composition. Brit. Poultry Sci. 12: 137 – 144.

Avendaño-Reyes, L.V., Torres-Rodríguez, F.J.Meraz-Murillo, C. Pérez-Linares, F. Figueroa-Saavedra y P.H. Robinson. 2006. Effects of two β- adrenergic agonists on finishing performance, carcass characteristics and meat quality of feedlot steers. J. .Anim. Sci. 84: 3259 – 3265.

Bass J., Oldham J., Sharma M., Kambadur R. 1999. Growth factors controlling muscle development. Domest. Anim. Endocrinol. 17(2-3): 191-197.

Berg, R.T y Butterfield, R.M.. 1976. New concepts of cattle growth. University of Sydney Press. Sydney. Australia

Boggs D. L., R. A. Merkel, y M. E. Doumit. 1998. Livestock and Carcasses. An integrated approach to evaluation, grading and selection. Fifth edition. Kendall/Hunt Publishing Company. Iowa, E.U.A. 258 páginas.

Boggs, D. L. y R. A. Merkel.1979. Live Animal Carcass Evaluation and Selection Manual. Kendall/Hunt Publishing Company. Iowa, E.U.A. 199 páginas.

Braidwood, R.J. y Howe, B. 1960. Prehistoric investigations in Iraqi Kurdistan. The Oriental Institute of the University of Chicago. Studies in Ancient Oriental Civilization, No. 31. University of Chicago Press. Chicago. E. U. A.

Brandt, R.T., Jr. Anderson, S.J. 1990. Supplemental fat source affects feedlot performance and carcass traits of finishing yearling steers and estimated diet net energy values. J. Anim. Sci. 68: 2208 -2216

Brethour, J.R.1994. Estimating marbling score in live cattle from ultrasound images using pattern recognition and neural network procedures. J. of Anim. Sci. 72: 1425-1432.

Brocks L., Klont R. E., Buist W., de Greef K., Tieman M., Engel B. 2000. The effects of selection of pigs on growth rate vs. leanness on histochemical characteristics of different muscles. J. Anim. Sci. 78:1247–1254.

Brody, S. 1945. Bioenergetics and Growth. Reinhold Publishing Co. Nueva York. E .U. A. 1023 páginas.

Busk, H., E.V. Olsen y J. Brùndum. 1999. Determination of lean meat in pig carcasses with the Autofom classification system. Meat Science 52: 307-314.

Buss, E. 1989. Genetics of Turkey. World's Poultry Science Journal.45: 27-52

Cameron, N. D. 1990. Genetic and phenotypic parameters for carcass traits, meat and eating quality traits in pigs. Livest. Prod. Sci. 26:119-135.

Cannell, R.C., J.D. Tatum, K.E. Belk, J.W. Wise, R.P. Clayton y G.C. Smith. 1999. Dual-component video image analysis system (VIASCAN) as a predictor of beef carcass red meat yield percentage and for augmenting application of USDA yield grades. J. Anim. Sci. 77: 2942-2950.

Carroll, M.A.1976. The impact of carcass and meat aspects on experimental design, particularly in relation to feeding level and time of slaughter. En: Criteria and Methods for Assessment of Carcass and Meat Characteristics in Beef Production Experiments. Fisher, A.V., J.C. Tayler, H. de Boer y D.H. van Adrichem Boogaert. Editors. Commission of the European Communities. EUR5489. Bruselas, Bélgica páginas 17 – 30 (total 406).

Carstens G., D. Johnson, M. Ellenberger y J. Tatum. 1991. Physical and chemical components of the empty body during compensatory growth in beef steers. J. Anim. Sci., 69: 3251-3264.

Cartens, G.E., Mostyn, P.M., Lammoglia, M.A., Vann, R.C., Apter.R.C. y Randel, R.D. 1997. Genotypic effects on norepinephrine-induced changes in thermogenesis, metabolic hormones, and metabolites in newborn calves. J. Anim. Sci. 75:1746 – 1755

Cassar-Malek, I., Ueda, Y., Bernard, C., Jurie, C., Sudre, K., Listrat, A., Barnola, I., Gentès, G., Leroux, C., Renand, G., Martin, P., Hocquette, J. F. 2005. Molecular and biochemical muscle characteristics of Charolais bulls divergently selected for muscle growth. In: Indicators of milk and beef quality (J.F. Hocquette and S. Gigli, Eds,) EAAP Publ. No. 112, Wageningen Academic Publishers, Wageningen, The Netherlands, pp. 371-377.

Chester-Jones H., Velleman S. G. 2008. Growth and development symposium: Transcriptional factors and cell mechanisms for regulation of growth and development with application to animal agriculture. J. Anim. Sci. 86: E205-E206.

Chevalier B. B., Wacrenier-Cere N., Le Bihan-Duval E., Duclos M. J. 2003. Muscle development, insulin-like growth factor-I and myostatin mRNA levels in chickens selected for increased breast muscle yield. Growth Hormone & IGF Research. 13(1): 8-18.

Christie, W.W. 1976. Lipid Analysis. 1ª edición. Pergamon Press, Oxford. Londres. Reino Unido.

Christie, W.W.1981. The composition structure and function of lipids in the tissues of ruminant animals. En W.W. Christie (Ed.). Lipid metabolism in Ruminant Animals. Página 95, Pergamon Press Nueva York. E. U. A.

Chrome, P.K., F. K. McKeith, T.R. Carr, D.J. Jones, D.H. Mowrey y J.E. cannon. 1996. Effect of ractopamine on growth performance, carcass composition and cutting yields of pigs slaughtered at 107 and 125 kilograms. J. Anim. Sci. 74: 709 – 716.

Cianzio, D. S., Topel, D.G., Whitehurst, G.B., Beitz, D.C. y Self, H.L.1985. Adipose tissue growth and cellularity: changes in bovine adipocyte size and number. J. Anim. Sci. 60: 970 – 976.

Cleveland, E. R., R. K. Johnson, y R. W. Mandigo. 1983. Index selection and feed intake restriction in swine. I. Effect on rate and composition on growth. J. Anim. Sci. 56: 560-569.

Clutton-Brock, J. 1999. Domesticated Animals. 2nd edition. British Museum of Natural History. Londres, Reino Unido.

Coleman, S. W., B. C. Evans, y J. J. Guenther. 1993. Body and carcass composition of Angus and Charolais steers as affected by age and nutrition. J. Anim. Sci. 71:86-95.

Coleman, S. W., B. C. Evans, y J. J. Guenther. 1993. Body and carcass composition of Angus and Charolais steers as affected by age and nutrition. J. Anim. Sci. 71:86-95.

Collewet, G., P. Bogner, P. Allen, H. Busk, A. Dobrowolski, E. Olsen y A. Davenel. 2005. Determination of the lean meat percentage of pig carcasses using magnetic resonance imaging. Meat Science 70: 563–572.

Corey, B.G. 1995. Adenosine regulation of adipose tissue metabolism. En: The biology of fat in meat animals. Current Advances. Edited Smith, S.B. y D. R. Smith. Published by the American Society of Animal Science. Champaign, Illinois. E.U.A.

Curi R. A, de Oliveira H. N., Silveira A. C., Lopes C. R. 2005. Effects of polymorphic microsatellites in the regulatory region of IGF1 and GHR on growth and carcass traits in beef cattle. Animal Genetics 36(1):58-62.

Davis M. E., Boyles S. L., Moeller S. J. Simmen R. C. M. 2003. Genetic parameter estimates for serum insulin-like growth factor-I concentration and ultrasound measurements of backfat thickness and longissimus muscle area in Angus beef cattle. J. Anim. Sci. 81:2164-2170.

Davis M. E., Simmen R. C. 2000. Genetic parameter estimates for serum insulin-like growth factor-I concentration and carcass traits in Angus beef cattle. J. Anim. Sci. 78(9):2305-2313.

Dayton W. R., White M. E. 2008. Cellular and molecular regulation of muscle growth and development in meat animals. J Anim Sci. 86(14_suppl): E217 - E225.

Denise, R. S. y Brinks, J.S. 1985. Genetic and environmental aspects of growth curve parameters in beef cows. J. Anim. Sci. 61: 1431 – 1440.

Denoyelle, C. y F. Berna. 1999. Objective measurement of veal color for classification purposes. Meat Science 53: 203±209.

Díez, J., A. Bahamonde, J. Alonso, S. López, J.J. del Coz, J.R. Quevedo, J. Ranilla, O. Luaces, I. Álvarez, L.J. Royoa y F. Goyache. 2003. Artificial intelligence techniques point out differences in classification performance between light and standard bovine carcasses. Meat Science 64: 249-258.

Dumont, B.L. 1976. General Review of Assessment which could usefully be made at the End of Beef Production Experiments, in Relation to the Objective of the Experiment. En: Criteria and Methods for Assessment of Carcass and Meat Characteristics in Beef Production Experiments. Editors, Fisher, A.V., J.C. Tayler, H. de Boer y D.H. van Adrichem Boogaert. Commission of the European Communities. EUR5489. Bruselas, Bélgica. Páginas 25 -32

Elam, N. 2009. Effect of Zilmax® on live performance and carcass characteristics in beef cattle. Intervet Zilpaterol HCl Symposium. American Meat Science Association. Reciprocal Meat Conference. June 21. Rogers. Arkansas. E.U.A.

Elanco Animal Health. 2000. Growth Implant Strategies. Alberta Feedlot Management Guide. 2nd ed. Technical Reference Guide.

Elanco Animal Health. 2000. Growth Implants for Beef Cattle. Alberta Feedlot Management Guide. 2nd ed. Component Implants. Technical Reference Guide.

Essen-Gustavsson B., Karlsson A., Lundstrom K., Enfalt A. C. 1994. Intramuscular fat and muscle fibre lipid contents in halothane-gene-free pigs fed high or low protein diets and its relation to meat quality. Meat Science 38:269-277.

Etherton, T.D., Aberle, E.D., Thompson, E.H., y Allen, C.E. 1981. Effects of cell size and animal age on glucose metabolism in pig adipose tissue. J. Lipid Res. 22: 72 – 80.

FDA. 2003. Freedom of information summary. Original new animal drug application. NADA _ _ _: 141.221. http://www.fda.gov/cvm/FOI/141 - 221. pdf. consultada 10 de febrero de 2009.

Feedstuffs. 2004. Efficacy, mode of beta-adrenergic agonists discussed. (Nutrition and Health/Beef), Feedstuffs 76(25)13, 16-17.

Fernández, D.D. M., V. N. Rosas, V.M. Perez e I.J.A. Cuarón. 2002. Niveles de lisina digestible para cerdos finalizados con ractopamina. XXXVIII. Congreso Nacional AMVEC. Puerto Vallarta, Jalisco. México. 17–21 julio.

Fiedler I., Dietl G., Rehfeldt C., Wegner J. Ender K. 2004. Muscle fibre traits as additional selection criteria for muscle growth and meat quality in pigs-results of a simulated selection. J. Anim. Breed. Genet. 121:331-344.

Fiems, L.O.,Boucque, C.V., Cottyn, B.G. y Buyasc, F.X. 1990. Anim. Feed. Sci. Techn. 30: 267 -274.

Fisher, A.V. 1976. Live animal measurements as a means of evaluating animals in beef production experiments En EEC Criteria and Methods for Assessment of Carcass and Meat Characteristics in Beef Production Experiments Editores, Fisher, A. V., de Boer, H. y D.H. van Adrichem Boogaert . EUR5489. Publicado por la comisión de las Comunidades Europeas. Luxemburgo. P 43 – 55 (406

Fittzhugh, J. 1976. Analysis of growth curves and strategies for altering their shape. J. Anim. Sci. 42: 1036 – 1051

Florini J. R., Ewton D. Z., Coolican S. A. 1996. Growth Hormone and the Insulin-Like Growth Factor System in Myogenesis. Endocrine Reviews 17(5): 481-517.

Florini J. R., Magri K. A., Ewton D. Z., James P. L., Grindstaff K., Rotwein P. S. 1991."Spontaneous" differentiation of skeletal myoblasts is dependent upon autocrine secretion of insulin-like growth factor-II. J. Biol. Chem. 266(24): 15917-15923.

Fluharty, F. L. y K. E. McClure. 1997. Effects of dietary energy intake and protein concentration on performance and visceral organ mass in lambs. J. Anim. Sci. 75:604-610.

Fortin, A., A.K.W. Tong, W.M. Robertson, S.M. Zewadaski, S.J. Landry, D.J. Robinson y R. J. Mockford. 2003. A novel approach to grading pork carcasses: Computer Vision and ultrasound. Meat Science. 73 (4): 451 – 462.

France, J., J. Dijkstra y M. Dhanoa. 1996. Growth functions and their application in animal sciences. Ann. Zootech. 45: 165 – 174.

France, J., J. Dijkstra, J. H. M. Thornley y M. S. Dhanoa. 1996. A simple but flexible growth function. Growth, Development and Aging. 60:71 – 83

Garcia, L.G., K. L. Nicholson, T. W. Hoffman, T. E. Lawrence, D. S. Hale, D. B. Griffin, J. W. Savell, D. L. VanOverbeke, J. B. Morgan, K. E. Belk, T. G. Field, J. A. Scanga, J. D. Tatum y G. C. Smith. 2008. National Beef Quality Audit_2005: Survey of targeted cattle and carcass characteristics related to quality, quantity, and value of fed steers and heifers. J. Anim. Sci. 86:3533-3543.

Garrett, R.P., J. W. Edwards, J. W. Savell y J. D. Tatum. 1992. Evaluation of the Hennessy grading probe to predict yields of lamb carcasses fabricated to multiple end points. J. Anim. Sci. 70: 1146-1152.

Ge W., Davis M. E., Hines H. C., Irvin K. M. Simmen R. C. M. 2003. Association of single nucleotide polymorphisms in the growth hormone and growth hormone receptor genes with blood serum insulin-like growth factor I concentration and growth traits in Angus cattle. J. Anim. Sci. 81:641-648.

Geay, Y. 1976. Live weight measurement. En EEC Criteria and Methods for Assessment of Carcass and Meat Characteristics in Beef Production Experiments Editores, Fisher, A. V., de Boer, H. y D.H. van Adrichem

Boogaert . EUR5489. Publicado por la comisión de las Comunidades Europeas. Luxemburgo. P 35 – 42

Gispert, M., Gou, P. y Diestre, A. 2000. Bias and future trends of pig carcass classification methods. Food Chemistry, 69(4): 457-460.

Goenaga, P., M.R. Lloveras y C. Améndola. 2008. Prediction of lean meat content in pork carcasses using the Hennessy Grading Probe and the Fat-O-Meater in Argentina. Meat Science 79: 611–613.

Gregory D. J. Waldbieser G. C. Bosworth B. G. 2004. Cloning and characterization of myogenic regulatory genes in three Ictalurid species. Animal Genetics 35(6)425-430.

Griffin, D.B., J.W. Savell, R.P. Recio, R. P. Garret y H.R. Cross.1999. Predicting carcass composition of beef cattle using ultrasound technology, J, Anim. Sci. 77:889 -892.

Grobet L., Royo Martin L. J., Poncelet D., Pirottin D., Brouwers B., Riquet J., Schoeberlein A., Dunner S., Ménissier F., Massabanda J., Fries R., Hanset R., Georges M. 1997. A deletion in the bovine myostatin gene causes the double–muscled phenotype in cattle. Nature Genetics 17:71–74.

Gruber, S. L., J. D. Tatum, T. E. Engle, K. J. Prusa, S. B. Laudert, A. L. Schroeder, and W. J. Platter. 2008. Effects of ractopamine supplementation on postmortem aging of *longissimus* muscle palatability of beef steers differing in biological type. J. Anim. Sci. 86: 205–210.

Gruber, S.L., J.D. Tatum T.E. Engle, M.A. Mitchell, S.B. Laudert, A.L. Schroeder y W. J. Platter. 2007. Effects of ractopamine supplementation on growth performance and carcass characteristics of feedlot steers differing in biological type. J. Anim. Sci. 85: 1809 – 1815.

Guernec C., Berri B., Chevalier N., Wacrenier-Cere E., Le Bihan-Duval, M. J. Duclos. 2003. Muscle development, insulin-like growth factor-I and myostatin mRNA levels in chickens selected for increased breast muscle yield. Growth Hormone and IGF Research. 13(1) 8-18.

Hale, D.S., K. Goodson y J. W. Savell. s/f. Beef Quality and Yield Grades. Department of Animal Science. Texas Agricultural Extension Service College Station, TX 77843-2471.

Hammond, J. Jr., J.C. Bowman y Robinson, T.J.1983. Hammond's Farm Animals. Quinta edición. Edward Arnold Publishers, Ltd. Londres, Inglaterra. 306 páginas.

Hammond, J.1962. The physiology of growth. En: Nutrition of Pigs and Poultry. Morgan, J.T. y Lewis, D. Editors. Butterworth's. Londres. Reino Unido.

Hancock, D.L., J.F. Wagner, y D.B. Anderson. 1991. Effects of estrogens and androgens on animal growth. En: Growth Regulation in Farm Animals. Advances in Meat Research. Vol. 7. Capítulo 9. Pearson, A.D. Y T .R. Dutson. Editores. Elsevier Applied Science. Londres. Reino Unido. Páginas 255 – 297.

Harris, M. 1985. Good to Eat. Simon and Schuster, Nueva York. EUA

Harris, M. 2006. Caníbales y reyes. Los orígenes de las culturas. Alianza Editorial. Madrid. España.

Hatem, I., J. Tan y D.E. Gerrard. 2003. Determination of animal skeletal maturity by image processing. Meat Science 65: 999–1004.

Haussman, G. J., Wright, J.T. y Richarsosn, R. L. 1996. The influence of extracellular matrix substrata on preadipocyte development in serum free cultures of estromal vascular cells. J. Anim. Sci. 74: 2117 -2128.

Hickey, J.M., M.G. Keane, D. A. Kenny, A. R. Cromie y R. F. Veerkamp. 2007. Genetic parameters for EUROP carcass traits within different groups of cattle in Ireland. J. Anim. Sci. 85: 314-321.

Hilton, G.G., J.D. Tatum, S.E. Williams, K.E. Belk, F.L. Williams, J.W. Wise y G.C. Smith. 1998. An evaluation of current and alternative systems for quality grading carcasses of mature slaughter cows. J. Anim. Sci. 76:2094-2103.

Hiner R. L., Bond J. 1971. Growth of Muscle and Fat in Beef Steers from 6 to 36 Months of Age. J. Anim. Sci. 1971. 32:225-232.

Hocquette J. F., Ortigues-Marty I., Damon M., Herpin P., Geay Y. 2000. Energy metabolism in skeletal muscle of meat-producing animals. INRA Prod. Anim. 13(3)185-200.

Hogg, B.W. 1991. Compensatory growth in ruminants. En Pearson, A.M. y Datson, T.R. Eds. Growth Regulation in Farm Animals. Advances in Meat Research. Vol. 7, Elsevier Applied Science. Londres. Reino Unido. Páginas 103 – 134.

Hole, F. (1996). The context of caprine domestication in the Zagros region. The Origins and Spread of Agriculture and Pastoralism in Eurasia. D. R. Harris. Washington, D.C., Smithsonian Institution Press: 263-281.

Hole, F. 1989. A two-part, two-stage model of domestication. In J. Clutton-Brock (ed.), The Walking Larder, Patterns of Domestication, Pastoralism, and Predation, pp. 97-104. London: Unwin-Hyman.

Hood, R. I., y Allen, C.E. 1977. Cellularity of porcine adipose tissue: effects of growth and adiposity. J. lipid Res. 18: 275 – 284.

Hornick J. 2000. Mechanisms of reduced and compensatory growth. Domestic Animal Endocrinology 19(2)121-132.

Hornick, J., C. Van Eenaeme, A. Clinquart, M. Diez, y L. Istasse. 1998. Different periods of feed restriction before compensatory growth in Belgian Blue Bulls. I. Animal performance, nitrogen balance, meat characteristics and fat composition. J. Anim. Sci. 76:249-259.

Huerta-Leidenz, N.O., H.R. Cross, J.W. Savell, D.K. Lunt, J.F. Baker, L.S. Pelton y Sb. Smith. 1993. Comparison of fatty acid composition of subcutaneous adipose tissue from mature Brahman and Hereford cows. J. Anim. Sci. 71: 625 – 637.

Hueth, B., P. Marcoul y J. Lawrence. 2007. Grader Bias in Cattle Markets? Evidence from Iowa. American Journal Agriculture Economy. 89(4): 890–903.

Hulsegge, B., B. Engel, W. Buist, G.S.M. Merkus y R.E. Klont. 2001. Instrumental colour classification of veal carcasses. Meat Science 57: 191-195.

Hulsegge, B., G. Mateman, G.S.M. Markus y P. Walstra. 1999. Choice of probing site for classification of live pigs using ultrasonic measurements. Animal Science 68: 641 – 645:

Hulsegge, B. y G.S.M. Merkus. 1997. A comparison of the optical probe HGP and the ultrasonic devices Renco and Pie Medical for estimation of the lean proportion in pig carcasses. Animal Science. 64: 379 - 383.

Hulsegge, B. G.S.M. Merkus, y P. Walstra.2000. Ultrasonic prediction of lean meat in live pigs. Animal Science. 71: 253 - 257.

Hunt, M.C. 2009. Effect of Zilmax® on meat color and color stability. Intervet Zilpaterol HCl Symposium. American Meat Science Association. Reciprocal Meat Conference. June 21. Rogers. Arkansas. E.U.A.

Huxley, J.S.1932. Problems of relative growth. Citado por Hammond's Farm Animal. J. Hammond Jr, Bowman, J.C. y T.J. Robinson. Quinta edición. Edward Arnold. Londres. Página 37.

Ijiri D., Miura M., Kanai Y., Hirabayashi M. 2009. Increased Mass of Slow-Type Skeletal Muscles and Depressed Myostatin Gene Expression in Cold-Tolerant Chicks. Zoological Science 26(4)277-283.

Jaturasitha, S., R. Norkeaw, T. Vearasilp, M. Wicke y M. Kreuzer. 2009. Carcass and meat quality of Thai native cattle fattened on Guinea grass (Panicum maxima) or Guinea grass–legume (Stylosanthes guianensis) pastures. Meat Science 81: 155–162.

Jin H. J., Park B. Y., Park J. C., Hwang I. H., Lee S. S., Yeon S. H., Kim C. D., Cho C. Y., Kim Y. K., Min K. S., Feng S. T., Li Z. D., Park C. K., Kim C. I.. 2006. The effects of stress related genes on carcass traits and meat quality in pigs. Asian-Aust. J. Anim. Sci. s. 19:280-285.

Johansen, J., A. H. Aastveit, B. Egelandsdal, K. Kvaal y M. Røe. 2006. Validation of the EUROP system for lamb classification in Norway;

repeatability and accuracy of visual assessment and prediction of lamb carcass composition. Meat Science 74; 497–509.

Johnson, B.J. 2009. B–adrenergic agonists: Potential mode of action in skeletal muscle. Intervet Zilpaterol HCl Symposium. American Meat Science Association. Reciprocal Meat Conference. June 21. Rogers. Arkansas. E.U.A.

Johnson, R.K., E. P. Berg, R. Goodwin, J. W. Mabry, R. K. Miller, O. W. Robison, H. Sellers y M. D. Tokach. 2004. Evaluation of procedures to predict fat-free lean in swine carcasses. J. Anim. Sci. 82:2428-2441.

Jurie C., Martin J. F., Listrat A., Jailler R., Culioli J., Picard B. 2005. Effects of age and breed of beef bulls on growth parameters, carcass and muscle characteristics. Animal Science 80:257-263.

Kambadur R., Sharma M., Smith T. P. L, Bass J. J. 1997. Mutations in myostatin (GDF8) in Double-Muscled Belgian Blue and Piedmontese Cattle. Genome Res. 7: 910-915.

Kempster, T., A. Cuthbertson, y G. Harrington.1982. Carcase Evaluation in Livestock Breeding, Production and Marketing. Granada Publishing. Londres. Inglaterra. 306 páginas.

Kerth, C.R., M. F. Miller, J. W. Wise, J. L. Lansdell y C. B. Ramsey. 1999. Accuracy of application of USDA beef quality and yield grades using the traditional system and the proposed seven-grade yield grade system. J. Anim. Sci. 77: 116-119.

Kim J. M., Lee Y. J., Choi Y. M., Kim B. C., Yoo B. H., Hong K.C . 2008. Possible muscle fiber characteristics in the selection for improvement in porcine lean meat production and quality. Asian - Australasian J. Anim. Sci. s. 21(10). On line.

Kirton, A.H. 1970. Body and carcass composition and meat quality of the New Zealand feral goat (Capra hircus). New Zealand J. Agric. Res. 13: 167 - 186

Kocamis H, Killefer J. 2002. Myostatin expression and possible functions in animal muscle growth. Domest. Anim. Endocrinol., 23(4)447-54.

Koch, R.M., Cundiff, Lv., Gregory, K.E. y Dikerman, M. E. 1982. Beef Res. Progr. Rept. No.1 P. 13 (Agric. Rev. Manuals; USDA: ARM – NC21

Kongsro, J., M. Røe, K. Kvaal, A.H. Aastveit y B. Egelandsdal. 2009. Prediction of fat, muscle and value in Norwegian lamb carcasses using EUROP classification, carcass shape and length measurements, visible light reflectance and computer tomography (CT). Meat Science 81: 102–107.

Koong, L.J., C.l. Ferrell y J.A. Nienaber. 1985. Assessment of interrelationships among levels of intake and production, organ size and fasting heat production in growing animals. J. Nutr. 115: 1383 -1394

Kuiper, H.A.,M.Y.Noordam, M.M. van Dooren-Flipsen, R.Schilt y A.H. Roos. 1998.Illegal use of beta – adrenergic agonists: European Community. J. Anim. Sci. 79: 195- 203.

Kuksis, A. 1978. Fatty acid composition of animal tissues. En: Handbook of Lipid Research. Vol. 1. Fatty acids and glycerides. Kuksis, A. Editor. Plenum Press. Londres. Reino Unido.

Kvamea, T., J.C. McEwanb, P.R. Amerc y N.B. Jonson. 2004. Economic benefits in selection for weight and composition of lamb cuts predicted by computer tomography. Livestock Production Science 90: 123–133.

Laevens, H., F. Koenen, H. Deluyker, y A. de Kruif. 1999. Experimental infection of slaughter pigs with classical swine fever virus: Transmission of the virus, course of the disease and antibody response. Vet. Rec. 145:243–248.

Larzul C., Lefaucheur L., Ecolan P., Gogue J., Talmant A., Sellier P., Le Roy P. Monin G. 1997. Phenotypic and genetic parameters for longissimus muscle fiber characteristics in relation to growth, carcass, and meat quality traits in large white pigs. J. Anim Sci. 75:3126-3137.

Lawrence, T.L.J. y V. R. Fowler. 2002. Growth of Farm Animals. Segunda edición. CABI Publishing. Nueva York. E. U. A. 347 páginas

Lawrie, R.A. 1980. Lecture notes of animal growth physiology. Universidad de Nottingham. Escuela de Agricultura. Sutton Bonington. Reino Unido. 12 páginas

Lee S. J. 2004. Regulation of muscle mass by myostatin. Annu. Rev. Cell Dev. Biol. 20:61-86.

Lee S. J., McPherron A. C. 2001. Regulation of myostatin activity and muscle growth. Proceedings of the National Academy of Sciences of the United States of America PNAS July 31, 98(16): 9306-9311.

Leeson S. y J.D. Summers.1978. Dietary self selection by turkeys. Poultry Sci. 57:1579-1585.

Lengerken G., Maak S., Wicke M., Fiedler I., Ender K. 1994. Suitability of structural and functional traits of skeletal muscle for genetic improvement of meat quality in pigs. Arch. Tierz. 37:133-143.

Lengerken G., Wicke M., Maak S. 1997. Stress susceptibility and meat quality-situation and prospects in animal breeding and research. Arch. Anim. Breed. 40 (Suppl.):163-171.

Li H., Deeb N., Zhou H., Mitchell A. D., Ashwell C. M., Lamont S. J. 2003. Chicken quantitative trait loci for growth and body composition associated with transforming growth factor-beta genes. Poultry Science 82(3)347-356.

Liu, C.Y., Boyer, J.L., y Mills, S.E. 1989. Acute effects of beta adrenergic agonists on porcine adipocyte metabolism in vitro. J. Anim. Sci. 67: 2930 – 2936.

Liu, Y., B. G. Lyon, W. R. Windham, C. E. Realini, T. D. D. Pringle, S. Duckett. 2003. Prediction of color, texture, and sensory characteristics of beef steaks by visible and near infrared reflectance spectroscopy. A feasibility study. Meat Science 65: 1107–1115.

Long, J. 2004. Adding uniformity to carcass grading offers pros and cons. Farmers Wkly 141(12): 38.

Lovatto, P. A., D. Sauvant, J. Noblet, S. Dubois, y J. van Milgen. 2006. Effects of feed restriction and subsequent refeeding on energy utilization in growing pigs. J. Anim. Sci. 84:3329-3336.

Luna-Pinto G. y P. Cronjé. 2003. The roles of the insulin-like growth factor system and leptin as possible mediators of the effects of nutritional restriction on age at puberty and compensatory growth in dairy heifers. S. Afr. J. Anim. Sci., 30: 155-163.

MacNeil, M.D. y S. L. Northcutt. 2008. National cattle evaluation system for combined analysis of carcass characteristics and indicator traits recorded by using ultrasound in Angus cattle. J. Anim. Sci. 86:2518-2524.

Maltin C. A., Warkup C. C., Matthews K. R., Grant C. M., Porter A. D. Delday M. I. 1997. Pig muscle fibre characteristics as a source of variation in eating quality. Meat Science 47: 237-248.

Maltin C.A., Delday M. I., Hay S. M., Innes G. M., Williams P. E. V. 1990. Effects of bovine pituitary growth hormone alone or in combination with the β-agonist clenbuterol on muscle growth and composition in veal calves. British Journal of Nutrition, 63:535-545.

Marchitelli C., Savarese M. C., Crisà A., Nardone A., Ajmone Marsan P., Valentini A. 2003. Double muscling in Marchigiana beef breed is caused by a stop codon in the third exon of myostatin gene. Mammalian Genome, Volume 14, 1-4.

Martín T. G., G. T. Lane, M. D. Judge, y J. L. Albright. 1978. Dietary energy affecting growth, feed conversion, and carcass composition of Holstein steers. J. Dairy Sci. 61:1151-1155.

Martin C. I., Johnston I. A. 2005. The role of myostatin and the calcineurin-signalling pathway in regulating muscle mass in response to exercise training in the rainbow trout Oncorhynchus mykiss Walbaum. Journal of Experimental Biology 208:2083-2090.

Martin, T. G., Perry, T.W., Beeson, W.M. y Mohler, M.T. 1978. Protein level for bulls: comparison of three continuous dietary levels on growth and carcass traits. J. Anim. Sci. 47, 28 – 33

Matsakas A., Diel P. 2005. The growth factor myostatin, a key regulator in skeletal muscle growth and homeostasis. Int. J. Sports Med. 26(2):83-9.

McClure, E.K., J. A. Scanga, K. E. Belk y G. C. Smith. 2003. Evaluation of the E+V video image analysis system as a predictor of pork carcass meta yield. Journal of Animal Science. 81:1193-1201.

McMeekan, C.P. 1940.Growth development in the pigs; with special reference to carcass quality characteristics. Effect of plan of nutrition on the form and composition of bacon pig. J. Agric. Sci. 30:311 - 319

McPherron A. C., Lawler A. M., Lee S-J. 1997. Regulation of skeletal muscle mass in mice by a new TGF-beta superfamily member. Nature 387: 83-90.

McPherron A.C., Lee S. J. 1997. Double muscling in cattle due to mutations in the myostatin gene. PNAS 94(23)12457-12461.

Meisner, H. H., M. Smuts, y R. J. Coertze.1995. Characteristics and efficiency of phase growing feedlot steers fed different dietary energy concentrations. J. Anim. Sci. 73: 931-936.

Menchaca, M. A., C.C. Chase, T. A. Olson y A.C. Hammond. 1996. Evaluation of growth curve of Brahman cattle of various frame sizes. J. Anim. Sci. 74: 2140 – 2151.

Mersmann, H.J., M.D. MacNeil, S.C. Seideman y W.G. Pond. 1987. Compensatory growth in finishing pigs after feed restriction. J.Anim. Sci. 64: 752 – 764.

Mersmann, H.J.1998. Overview of the effects of beta/adrenergic receptor agonists on animal growth including mechanism of action. J.Anim.Sci.76:160 – 172.

Miguel, E., E. Onega, V. Cañeque, S. Velasco, M.T. Díaz, S. Lauzurica, C. Pérez, B. Blázquez y F. Ruiz de Huidobro. 2003. Carcass classification in suckling lambs. Discrimination ability of the European Union scale. Meat Science 63: 107-117.

Mills, S.E. 1999. Regulation of porcine adipocyte metabolism by insulin and adenosine. J. Anim. Sci. 77: 3201 -3207.

Mills, S.E., y Liu, C.Y. 1990. Sensitivity of lipolysis and lipogenesis to dibutyryl – c AMP y β – adrenergic agonists in swine adipocytes in vitro. J. Anim. Sci. 68: 1017 -1023.

Molina F., D. Carmona, y A. Ojeda. 2007. Evaluación del crecimiento compensatorio como estrategia de manejo en vacunos de carne en pastoreo. Zootecnia Trop. 25(4): 149-155.

Moloney, A.P., P. Allen, R. Joseph y V. Tarrant. 1991. Influence of Beta adrenergic agonists and similar compounds in growth. En: Growth Regulation in Farm Animals. Advances in Meat Research. Vol. 7. Pearson, A.M. y T.R. Dutson. Editores. Cap. 15. Elsevier Applied Science. Londres. Reino Unido. Páginas, 455–513.

Montaño Castrellón, M.H. 1986. Uso de una dieta baja en proteína sobre el subsecuente comportamiento y características de la canal de pavos en engorda. Tesis de maestría. Universidad Autónoma de Chihuahua, México.

Moody, D. E., D. L. Hancock, y D. B. Anderson. 2000. Phenethanolamine repartitioning agents. Pages 65-96 in Farm Animal Metabolism and Nutrition. J. R. F. D'Mello, ed. CAB Int., Wallingford, Oxon, UK.

Moran, E.T. Jr. 1979. Carcass quality changes with the broiler chicken after dietary protein restriction during the growing phase and finishing period compensatory growth. Poultry Sci. 60:401 -408.

Moran, J.B. y Holmes, W. 1978. The application of compensatory growth in grass/cereal beef production systems in the United Kindom. World. Review Anim. Prod. 14:65 -73.

Morel P. C. H., Camden B. J., Purchas R. W. Janz J. A. M. 2006. Evaluation of three pork quality prediction tools across a 48 hours postmortem period. Asian-Aust. J. Anim. Sci. 19:266-272.

Moseley W. M., Paulissen J. B., Goodwin M. C., Alaniz G. R. Claflin W. H. 1992. Recombinant bovine somatotropin improves growth performance in finishing beef steers. J. Anim. Sci. 70(2)412-425.

Muller, R.D. 2000. Technical Manual. Publicado por Elanco Animal Health, Division de Eli Lilly y Co. A-1. Rueff L. 2002. Practitioner experience using ractopamine. En Proc. AASV meeting. 2002. Páginas 385 -386.

National Research Council. 1977. Nutrient requirements of poultry. 7ª edición. National Academy of Science. Washington, D.C. E.U.A.

Newby, D., Gertler, A. y Vernon, R.G. 2001. Effects of recombinant ovine leptin on in vitro lipolysis and lipogenesis in subcutaneous adipose tissue from lactating and nonlactating sheep. J. Anim. Sci. 79: 445 – 452.

Núñez – González, F. A. 1977. Response of pigs fed antibacterials and dewormers in growing and finishing rations. Tesis de Maestría. Univeridad Estatal de Nuevo Mexico, Las Cruces, N.M., E.U.A.

Núñez – González, F. A. 1980. Effect of storage on the lipids of intermediate moisture meat. Tesis de Maestría. Universidad de Nottingham. Reino Unido.

Núñez – González, F. A. 1984. Carcase and meat characteristics of northern Mexican Criollo goats .Disertación doctoral. Universidad de Nottingham. Reino Unido.

Oksbjerg N., Gondret F., Vestergaard M. 2004. Basic principles of muscle development and growth in meat-producing mammals as affected by the insulin-like growth factor (IGF) system. Domestic Animal Endocrinology 7(3)219-240.

Olsen, E.V., M. Candek-Potokar, M. Oksama, S. Kien, D. Lisiak y H. Busk. 2007. On-line measurements in pig carcass classification: Repeatability and variation caused by the operator and the copy of instrument. Meat Science 75: 29–38.

Owen, J. E., G. A. Norman, C.A. Philbrooks y N. S. D. Jones. 1978. Studies on the meat production characteristics of Botswana goats and sheep. Part III. Carcase tissue composition and distribution. Meat Science 2:59 – 71.

Owen, J.E. 1984. Apuntes del curso: Origen y Crecimiento de los Animales Domésticos. Facultad de Zootecnia y Ecología, Universidad Autónoma de Chihuahua. México.

Owens F. N., Dubeski P., Hanson C. F. 1993. Factors that alter the growth and development of ruminants. J. Anim. Sci. 71(11):3138-3150.

Pampusch M. S., White M. E., Hathaway M. R., Baxa T. J., Chung K. Y., Parr S. L., Johnson B. J., Weber W. J., Dayton W. R. 2008. Effects of implants of trenbolone acetate, estradiol, or both, on muscle insulin-like growth factor-I, insulin-like growth factor-I receptor, estrogen receptor-{alpha}, and androgen receptor messenger ribonucleic acid levels in feedlot steers. J. Anim. Sci. 86(12):3418-23.

Patel K., Amthor H. 2005. The function of Myostatin and strategies of Myostatin blockade—new hope for therapies aimed at promoting growth of skeletal muscle. Neuromuscular Disorders 15(2)117-126.

Peterla, T. A., y Scanes, C.G. 1990. Effect of β – adrenergic agonists on lipolysis and lipogenesis by porcine adipose tissue in vitro. J. Anim. Sci. 68: 1024 -1029.

Piña, C. B. A. 2009. Características de la canal, carne y perfil de ácidos grasos en corderos de razas de pelo cruzados con razas productores de carne. Tesis de Doctorado. Universidad Autónoma de Chihuahua. Chihuahua, México.

Platter, W.J. y W.T. Travis. 2008. Balancing beef quality and red meat yield with ractopamine hydrochloride. Proceedings of the 61st American Meat Science Association. Reciprocal Meat Conference. Páginas 1-6. Junio 22 -25. Gainesville, Florida. E.U.A.

Platter, W.J. y W.T. Travis. 2008. Balancing beef quality and red meat yield with ractopamine hydrochloride. Proceedings of the 61st American Meat Science Association. Reciprocal Meat Conference. Páginas 1-6. Junio 22 -25. Gainesville, Florida. E.U.A.

Pond, W.G. y H.J. Mersmann. 1990. Differential compensatory growth in swine following control of feed intake by a high alfalfa diet fed ad libitum or by limited feed. J. Anim. Sci. 68; 352 – 362.

Price, E. 0.1984. Behavioral aspects of animal domestication. Q. Rev. Biol. 59: 1-32.

Ramsay, T.G. 2001. Porcine leptin alters insulin inhibition of lipolysis in porcine adipocytes in vitro. J. Anim. Sci. 79: 653 – 657.

Ramsey, T.G., White, M.E., y Wolverton, C.K. 1989a. Insulin like growth factor I induction of differentiation of porcine adipocytes. J. Anim. Sci. 67: 2452 -2459.

Ramsey, T.G., White, M.E., y Wolverton, C.K. 1989b. Glucocorticoids and differentiation of porcine preadipocytes. J. Anim. Sci. 67: 2222 -2229.

Rausch M. I. Tripp M. W., Govoni K. E., Zang W., Webert W. J., Crooker B. A., Hoagland T. A. Zinn S. A. 2002. The influence of level of feeding on growth and serum insulin-like growth factor I and insulin-like growth factor-binding proteins in growing beef cattle supplemented with somatotropin. J. Anim. Sci. 80(1)94-100.

Rehfeldt C., Fiedler I., Dietl G., Ender K. 2000. Myogenesis and postnatal skeletal muscle cell growth as influenced by selection. Livestock Production Science 66(2) 177-188.

Reid, T.J. y White, O.D.1977. The phenomenon of compensatory growth. Proceedings Cornell Nutr. Conference.16 -27.

Renand G. 1988. Genetic variability of muscle growth and consequences on meat quality of cattle. INRA Prod. Anim. 1 (2)115-121.

Ricard, F.H., B. LeClercq y C. Touralle. 1983. Selecting broilers for low or high abdominal fat: Distribution of carcass fat and quality of meat. British J. Poultry Sci. 24: 511 – 516.

Richards, F. J. 1959. A flexible growth function for empirical use. J. Exp. Bot. 10: 290 – 300.

Ricks C. A., Dalrymple R. H., Baker P. K., Ingle D. L. 1984. Use of ß-agonist to alter fat and muscle deposition in steers. J. Anim. Sci. 59:1247-1255.

Rifkin, J. 1992. Beyond Beef, E. P. Dutton, Nueva York, E U.A. página 152.

Ripoll, G, M. Joy, J. Alvarez- Rodríguez, A. Sanz y A. Teixeira. 2009. Estimation of light lamb carcass composition by in vivo real time ultrasonography at four anatomical. J. Anim. Sci. 87: 1455 – 1463.

Robelin, J. 1981. Cellularity of bovine adipose tissues: developmental changes from 15 to 65 percent mature weight. J. Lipid Res. 22:452 – 457.

Robelin, J. 1986. Growth of adipose tissues in cattle; partitioning between depots chemical composition and cellularity. Livestock Production Science. 14 (4): 349 - 364.

Ruiz de Huidobro F., E. Miguel, M.T. Díaz, S. Velasco, S. Lauzurica, C. Pérez, E. Onega, B. Blázquez, V. Cañeque. 2003. Carcass classification in suckling lambs. II. Comparison among subjective carcass classification methods: fatness scales and conformation scales with 0.25 point-intervals. Meat Science 66: 135-142.

Rule, D. C. 1995. Adipose tissue glicerolipid biosynthesis. En: The biology of fat in meat animals. Current Advances. Edited Smith, S.B. y D. R. Smith. Published by the American Society of Animal Science. Champaign, Illinois. E.U.A.

Rule, D. C., Smith, S. B. y J. C. Romans. 1995. Fatty acid composition of muscle and adipose tissue of meat animals. En: The biology of fat in meat animals. Current Advances. Edited Smith, S.B. y D. R. Smith. Published by the American Society of Science. Champaign, Illinois. E.U.A.

Rule, D.C., Smith, S.B. y Mersmann, H.J. 1987. Effects of adrenergic agonists and insulin on porcine adipose tissue lipid metabolism in vitro. J. Anim. Sci. 65:136 – 149.

Rust, S.R., D. M. Price, J. Subbiah, G. Kranzler, G. G. Hilton, D. L. Vanoverbeke, y J. B. Morgan. 2008. Predicting beef tenderness using near-infrared spectroscopy. J. Anim. Sci. 86:211-219.

Ryan W. 1990. Compensatory growth in cattle and sheep. Nut. Abs. Rev. (Series B), 60: 653 - 664.

Ryan W., I. Williams y R. Moir. 1993. Compensatory growth in sheep and cattle. I. Growth pattern and feed intake. Aust. J. Agric. Res., 44: 1623-1633.

Sadkowski T., Jank M., Zwierzchowski L., Oprzadek J., Motyl T. 2009. Comparison of skeletal muscle transcriptional profiles in dairy and beef breeds bulls. Journal of Applied Genetics 50(2);109-123.

Sañudo, C., M. Alfonso, A. Sanchez, R. Delfa y A. Teixeira. 2000. Carcass and meat quality in light lambs from different fat classes in the EU carcass classification system. Meat Science 56: 89-94.

Scanes, C. G. 2003. Biology of Growth of Domestic Animals. First edition. Iowa State Press. E. U. A. 408 páginas.

Schroeder, A.,D. Hancock D. Mowrey, S. Laudert, G. Vogel y D. Polser. 2005b. Dose tritation of Optaflexx® (ractopamine HCL), evaluating effects on composition of carcass soft tissues in feedlot heifers. J.Anim. Sci 83 (Suppl. 1): 114 (Abstr.).

Schroeder, A.D., D. Hancock, D.M. Mowrey, S. Laudert, G. Vogel y D. Polser.2005d. Dose tritation of Optaflexx® (Ractopamine HCL) evaluating effects on standard carcass characteristics in feedlot heifers. J. Anim. Sci. 83: (Suppl. 1): 113 (Abstr.).

Seebeck, R. M., 1991. Experimental design consideration to test the efficacy of technology to alter the proportion of fat and lean. J. Anim. Sci. 69 (suppl. 2): 43 – 52.

Sellier, P. The future of molecular genetics in the control of meat production and meat quality. Meat Science. 36 (1-2): 29 - 44.

Shackelford, S.D., T. L. Wheeler y M. Koohmaraie. 1998. Coupling of image analysis and tenderness classification to simultaneously evaluate carcass cutability, Longissimus area, subprimal cut weights, and tenderness of beef. J. Anim. Sci. 76:2631-2640.

Shackelford, S.D., T.L. Wheeler y M. Koohmaraie. 2005. On-line classification of US Select beef carcasses for Longissimus tenderness using visible and near-infrared reflectance spectroscopy. Meat Science 69; 409–415.

Silva, S.R, J.J. Alfonso, V.A. Santos, A. Monterro, C.M. Guedes, M.T. Azevedo y A. Dias-da-silva. 2006. In vivo estimation of sheep carcass composition using real time ultrasound with two probes of 5 and 7.5 MHz and image analysis. J. Anim. Sci. 84: 3433 – 3439.

Singer P. y Mason, J.2006. The Way We Eat: Why Our Food Choices Matter. Copyright: Project Syndicate, 2006. www.project-syndicate. org, E.U.A.

Singer P.1990. Liberación Animal. 2ª ed., editorial. Trotta. Nueva York.

Singer, P.1993. "Ética para vivir mejor". Editorial Ariel. Madrid España

Smith, S.B. y D.R. Smith. 1995. The Biology of Fat in Meat Animals. Current Advances. Editado por S.B. Smith y D.R. Smith. Publicado por la American Society of Animal Science. Champaign, Illinois. E.U.A. ISBN 1 - 887458 -00 –X

Stouffer, J.R. y Y.Liu.1995. Real Time Ultrasound Technology: Current Status and Potential. Animal Ultrasound Services Inc. Consultado: www.nsif.com./conferences/1996/stouffer.htm

Stouffer, J.R., M.V. Wallentine, G.H. y A. Diekmann. 1961. Development and application of ultrasonic methods for measuring fat thickness and rib area in cattle and hogs. J. Anim. Sci. 20: 759 - 767.

Sudre K., Cassar-Malek I., Listrat A., Ueda Y., Leroux C., Jurie C., Auffray C., Renand G., Martin P., Hocquette J.F. 2005. Biochemical and transcriptomic analyses of two bovine skeletal muscles in Charolais bulls divergently selected for muscle growth. Meat Science 70(2)267-277.

Sundaresa N. R., Saxena V. K., Singh R., Jain P., Singh K. P., Anish D., Singh N., Saxena M., Ahmed K. A. 2008. Expression profile of myostatin mRNA during the embryonic organogenesis of domestic chicken (Gallus gallus domesticus). Res. Vet. Sci. 85(1)86-91.

Sweeten, M.K., H.R. Cross, and G.C. Smith y S.B.Smith.1990. Subcellular distribution and composition of lipids in muscle and adipose tissues. J. Food Sci. 55: 43 -51.

Taylor, ST. C. S. 1965. A relation between mature weight and time taken to mature in mammals. Anim. Prod. 7: 203 -220

Teixeira, A., M. Joy y R. Delfa. 2008. In vivo estimation of goat carcass composition and body fat partition by real-time ultrasonography. J. Anim. Sci. 86:2369-2376.

Telfer,S.B., Rusby, A. y Hall, A. 1982. The effect of a period of food restriction on the subsequent growth of the broiler fowl. Animal Production. 34: 365-371.

Thériault, M., C. Pomar, y F.W. Castonguay.2009. Accuracy of real time ultrasound measurements of total tissue, fat and muscle depths at different measuring sites in lamb. J. Anim. Sci. 87: 1801 – 1803.

Thomas M., Langley B., Berry C., Sharma M., Kirk S., Bass J., Kambadur R. 2000. Myostatin, a negative regulator of muscle growth, functions by inhibiting myoblast proliferation. J. Biol. Chem. 275(51)40235-40243.

Trenckle, A. y Marple D. N.1983. Growth and development of meat animals. J. anim. Sci. 57 (suppl. 2) 273

Tulloh, N. M. 1963. The carcase composition of sheep, cattle and pigs as function of bodyweight. En D.E. Tribe (editor). Carcase Composition and Appraisal of Meat Animals. CSIRO. Melbourne, Australia.

University of Nebraska-Lincoln. 1997. Beef Cattle Implant Update. July 1997. Cooperative Extension, Institute of Agriculture and Natural Resources, University of Nebraska-Lincoln.

USDA. 1985. United States Standards for Grades of Pork Carcasses. United States Department of Agriculture. Agricultural Marketing Service. Livestock and Seed Division. 9 pp.

USDA. 1997. United States Standards for Grades of Carcass Beef. United States Department of Agriculture. Agricultural Marketing Service. Livestock and Seed Division.

USDA. 2008. United States Department of Agriculture. http://www.ams.usda.gov/ AMSv1.0/ams.fetchTemplateData.do?. Consultado el 22 de Marzo del 2009.

Vernon, R.G. 1980. Lipid metabolism in the adipose tissue of ruminant animals. Progr. L.ipid Res. 19: 23 – 106

Vestergaard M., Purup S., Henckel P., Tonner E., Flint D. J., Jensen L. R. Sejrsen K. 1995. Effects of growth hormone and ovariectomy on performance, serum hormones, insulin-like growth factor-binding proteins, and muscle fiber properties of prepubertal Friesian heifers. J. Anim. Sci. 73(12)3574-3584.

Villalobos, G., Núñez-G., F., González-Ríos, H., Domínguez, D., Castillo, H.A., Ortega, J.A. y Torrescano, G. 2009. Effects of implanting and castration on carcass characteristics of hair lambs fed a high-concentrate diet. Proceedings Western Society of Animal Science. J. Anim. Sci. 60: 193-195.

Villalobos, G., Núñez-G., F., González-Ríos, H., Domínguez, D., Castillo, H.A., Valles, J. y Luján, M. 2009. Effects of Zeranol and sex condition on finishing hair lamb performance. Proceedings Western Society of Animal Science. J. Anim. Sci. 60: 422-425.

Von Butalanffy, L. 1938. A qualitative theory of organic growth. Hum. Biol. 10 : 181 -213.

Vuocolo T., Byrne K., White J., McWilliam S., Reverter A., Cockett N. E. Tellam R. L. 2007. Identification of a gene network contributing to hypertrophy in callipyge skeletal muscle. Physiol. Genomics 28: 253-272.

Webster, A. J. F. 1989. Bioenergetics, bioengineering and growth. J. Anim. Sci. 48: 249 - 260.

Wegner J., Albrecht E., Fiedler I., Teuscher F., Papstein H. J. Ender K. 2000. Growth- and breed-related changes of muscle fiber characteristics in cattle. J. Anim. Sci. 78(6)1485-1496.

White M. E., Johnson B. J., Hathaway M. R., Dayton W. R. 2003. Growth factor messenger RNA levels in muscle and liver of steroid-implanted and nonimplanted steers. J. Anim. Sci. 81:965-972.

Wilson, P.N. y Osbourn, D.F. 1960. Compensatory growth after nutrition in mammals and birds. Biological Reviews 35: 324-349.

Wulf, D.M. y J. W. Wise. 1999. Measuring muscle color on beef carcasses using the L*a*b* color space. J. Anim. Sci. 77:2418-2427.

Xianyong M., Yongchang C., Dingming S., Yingzuo B. 2005. Cloning and expression of swine myostatin gene and its application in animal immunization trial. Science in China Series C: Life Sciences 48(4)368-374.

Xu C., Wu G., Zohar Y., Du S. J. 2003. Analysis of myostatin gene structure, expression and function in zebrafish. J Exp Biol. 206(Pt 22):4067-4079.

Yambayamba E., M. Price y G. Foxcroft. 1996. Hormonal status, metabolic changes, and resting metabolic rate in beef heifers undergoing compensatory growth. J. Anim. Sci. 74: 57-69.

Yang J., Ratovitski T., Brady J. P., Solomon M. B., Wells K. D., Wall R. J. 2001. Expression of myostatin pro domain results in muscular transgenic mice. Mol. Rep. Dev. 60:351-361.

Yang J., Zhao B. 2006. Postnatal expression of myostatin propeptide cDNA maintained high muscle growth and normal adipose tissue mass in transgenic mice fed a high-fat diet. Mol. Rep. Dev. 73(4)462-469.

Yang, Y.T y Baldwin, R.I. 1973. Lipolysis in isolated cow adipose cells. J. Dairy Sci. 56: 366 - 374.

Yelich J. V., Wettemann R. P., Dolezal H. G., Lusby K. S., Bishop D. K., Spicer L. J. 1995. Effects of growth rate on carcass composition and lipid partitioning at puberty and growth hormone, insulin-like growth factor I, insulin, and metabolites before puberty in beef heifers. J. Anim. Sci. 73(8):2390-2405.

Young, V.R. 1987. Genes molecules and the manipulation of animal growth. A role f or biochemistry and Physiology. J. anim. Sci. 65: (suppl.2) 107.

Zeder, M. A. 2006b. A Critical Assesment of Markers of Initial Domestication in Goats (Capra hircus), En: Documenting Domestication. New Genetic and Archeological Paradigms. Capítulo 14, páginas 181-208.University of California Press. Berkeley, E.U.A.

Zeder, M. A., Bradley, D.G., Emshwiller, E. y Smith B.D. 2006. Documenting Domestication. New Genetic and Archeological Paradigms. University of California Press. Berkeley, E.U.A. 361 páginas.

Zeder, M.A. 2006a. Approaches to Documenting Animal Domestication En: Documenting Domestication. New Genetic and Archeological Paradigms. Capítulo 13, páginas 171-180.University of California Press. Berkeley, E.U.A.

Zeuner, F. E. 1963. A History of Domesticated Animals. Harper & Row, New York.

Zhao Q., Davis M. E., Hines H. C. 2004. Associations of polymorphisms in the Pit-1 gene with growth and carcass traits in Angus beef cattle. J. Anim. Sci. 82:2229-2233.